大数据与人工智能技术丛书

人工智能

算法与实战(Python+PyTorch)

微课视频版

于祥雨 李旭静 邵新平 编著

清華大學出版社
北京

内 容 简 介

本书将基础理论和算法实现相结合，循序渐进地介绍了关于人工智能领域中的常见算法，全面、系统地介绍了如何使用 Python 实现人工智能算法，并通过 PyTorch 框架实现人工智能算法中的深度学习内容。全书共 5 章，分别介绍 Python 的安装和基础知识、科学计算库、描述性分析、经典算法和深度学习等知识，书中的每个知识点都有相应的实例和实现代码。

本书主要面向广大从事数据分析、机器学习、数据挖掘或深度学习的专业人员，高等院校相关专业师生，以及相关领域的广大科研人员。

图书在版编目（CIP）数据

人工智能算法与实战：Python＋PyTorch：微课视频版/于祥雨，李旭静，邵新平编著. —北京：清华大学出版社，2020.7（2025.1 重印）
（大数据与人工智能技术丛书）
ISBN 978-7-302-55782-1

Ⅰ. ①人…　Ⅱ. ①于…　②李…　③邵…　Ⅲ. ①人工智能－算法　②软件工具－程序设计　③机器学习　Ⅳ. ①TP18　②TP311.561

中国版本图书馆 CIP 数据核字（2020）第 105504 号

责任编辑： 陈景辉　张爱华
封面设计： 刘　键
责任校对： 焦丽丽
责任印制： 沈　露

出版发行： 清华大学出版社
网　　址： https://www.tup.com.cn，https://www.wqxuetang.com
地　　址： 北京清华大学学研大厦 A 座　　**邮　　编：** 100084
社 总 机： 010-83470000　　**邮　　购：** 010-62786544
投稿与读者服务： 010-62776969，c-service@tup.tsinghua.edu.cn
质量反馈： 010-62772015，zhiliang@tup.tsinghua.edu.cn
课件下载： https://www.tup.com.cn，010-83470236
印 装 者： 三河市龙大印装有限公司
经　　销： 全国新华书店
开　　本： 185mm×260mm　　**印　张：** 13　　**字　　数：** 302 千字
版　　次： 2020 年 9 月第 1 版　　**印　　次：** 2025 年 1 月第 8 次印刷
印　　数： 7401～8400
定　　价： 59.90 元

产品编号：088086-01

前言

近年来，随着大数据技术、机器学习、数据挖掘、数据科学以及人工智能等领域的发展与兴起，掀起一场新的技术革命，各行各业对相关人才的需求也随之而来。数据科学作为数学与计算机的交叉学科，旨在塑造集数学知识和计算机编程于一体的优秀人才。人工智能的兴起离不开数学的发展，而人工智能的核心就是数学。在教育、金融、电商以及医疗等行业的业务工作过程中，人工智能对于各行各业的发展已不可或缺，随着5G时代的到来必将进一步加快人工智能的发展。

本书以问题为导向，非常适合具备一定数学基础和Python基础的读者学习。读者可以在短时间内学习本书中介绍的所有算法。

作为一本关于人工智能算法的入门级书籍，本书共有5章。

第1章主要阐述Python的基础内容，主要介绍关于Python的发展历程、不同操作系统下的安装、人工智能常用的模块以及虚拟环境搭建；着重介绍Python的数据类型、数据结构、条件判断、循环语法以及其他基础内容；最后介绍Jupyter系列软件的安装和使用方法。

第2章针对书中涉及的常用模块进行简要说明和实例讲解，主要有关于数值计算的NumPy模块、数学符号运算的SymPy模块，着重介绍关于科学计算的SciPy模块，比如非线性方程组的求解、最小二乘法的实现以及样条插值等内容。人工智能离不开数据，而pandas是数据处理最常用的模块，简要介绍了关于pandas的一些内容。最后介绍数据可视化常用的Matplotlib模块。

第3章主要介绍描述性分析的相关内容，包括数据的定义和分类、基本统计量、数据转换、常见距离以及多维数据；着重介绍几种常见的基本统计量，比如变异系数、协方差以及相关系数等，数据转换主要介绍关于数据的标准化方法。

第4章主要介绍关于人工智能的常见算法，共涉及12种经典算法。算法涉及监督学习和无监督学习。监督学习包括线性回归、判别分析、决策树、随机森林以及推荐算法等；无监督学习包括主成分分析等。本章的所有算法都有详细的算法原理、代码实现以及案例实现。

第5章介绍深度学习的有关内容，详细介绍了PyTorch的安装和基础知识，着重介绍关于深度学习的基础知识点，比如梯度下降法，激活函数，卷积神经网络中的卷积、池化等概念。另外，本章结合案例实现前馈神经网络、卷积神经网络、生成对抗网络以及其他神经网络等。

本书特色

(1) 以问题为导向，对基础理论知识点与算法演练进行详细讲解。

(2) 实战案例丰富，涵盖38个知识点案例、19个完整项目案例。

(3) 代码详尽,避免以 API 的形式展示,规避重复代码。

(4) 语言简明易懂,由浅入深带你学会 Python 以及人工智能常见算法。

(5) 各个算法相对独立,数学原理相对容易理解。

配套资源

为便于教学,本书配有微课视频、源代码、数据集、教学课件、教学大纲、程序安装包。

(1) 获取教学视频方式:读者可以先扫描本书封底的文泉云盘防盗码,再扫描书中相应的视频二维码,观看教学视频。

(2) 获取源代码、数据集和程序安装包方式:先扫描本书封底的文泉云盘防盗码,再扫描下方二维码,即可获取。

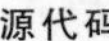
源代码

数据集

程序安装包

(3) 其他配套资源可以扫描本书封底的课件二维码下载。

读者对象

本书主要面向广大从事数据分析、机器学习、数据挖掘或深度学习的专业人员,高等院校相关专业师生,以及相关领域的广大科研人员。

特别感谢

特别感谢韩丹夫教授(杭州师范大学硕士生导师,主要从事非线性数值代数、偏微分数值解和连续问题的计算复杂性、大数据分析等方面的研究)对本书殷切指导与宝贵建议,以及日常生活中对于祥雨提供的帮助,在此表示衷心的感谢!

本书的编写参考了诸多相关资料,在此对原作者表示衷心的感谢。限于个人水平和时间仓促,书中难免存在疏漏之处,欢迎读者批评指正。

作 者

2020 年 8 月

目录

第 1 章

准备工作

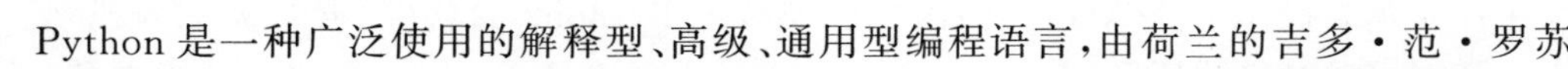

视频讲解

1.1 Python 的安装

1.1.1 简介

Python 是一种广泛使用的解释型、高级、通用型编程语言，由荷兰的吉多·范·罗苏姆(Guido van Rossum，生于 1956 年 1 月 31 日，如图 1.1 所示)开发，第一版发行于 1991 年，现阶段主要有 Python2. x 和 Python3. x 发行版本，若无特殊说明，后面分别简写成 Python2 和 Python3。

图 1.1 吉多·范·罗苏姆

Python 的设计哲学强调代码的易读性和简洁性。相比于 Java 或 C++，Python 让开发者或使用者能够通过少量代码来表达想法。Python 打印 Hello World 代码十分简洁，如下所示。

```
# Python2 注释
print "Hello World"
Hello World
# Python3
print("Hello World")
Hello World
```

不同于其他语言，Python 语言的代码追求优雅、简洁和易读性。与 Ruby、Perl、Tcl 等动态类型编程语言一样，Python 拥有动态类型系统和垃圾回收功能，能够自动管理内存，并且支持多种编程范式，包括面向对象、命令式、函数式和过程式编程，其本身又拥有巨大而广泛的标准模块[1]。

近几年随着数据科学、机器学习和人工智能的兴起，Python 备受关注和宠爱。相比于其他的解释型语言，Python 在网络爬虫、科学计算、数据分析、统计分析、数据挖掘、Web 开发、App 开发、深度学习以及金融量化等领域拥有强大的库，使用者可以短时间内完成相关需求的开发。

Python 现在主要有 Python2 和 Python3 两个版本，两者在编程理念和过程中存在一定的差异，因此无法保证其向下的兼容性。由于 Python2 于 2018 年已停止更新，目前（2020 年 2 月）最高版本为 Python2.7.17，并且 Python 核心团队计划在 2020 年停止支持 Python2。基于这一问题，本书涉及的编程代码全部通过 Python3 完成。

视频讲解

1.1.2 安装

Python3 安装在不同的系统（Mac OS、Linux 和 Windows）是有一定差异的。Python3 的软件包可以通过官方网站[2]下载，如图 1.2 所示。软件包有多个版本（3.4、3.5、3.6、3.7、3.8 等），统称为 Python3。另外，Python 还有类似于 MATLAB 的集成版本 Anaconda[3] 和 Spyder，这两个封装软件都适用于 Windows、Mac OS、Linux(CentOS7) 系统，感兴趣的读者可在官方网站下载和安装，这里不再赘述。

下面简要阐述 Python 在不同系统下的安装方式。

1. Mac OS

由于苹果操作系统（Mac OS）内部已安装了 Python2 的软件（通常为 2.6 或 2.7 版本），读者可通过终端环境输入命令 which python 或命令 python -V 来查看版本号。

```
bash-3.2$ which python
/usr/bin/python
bash-3.2$ python -V
Python 2.7.10
```

Mac OS 安装 Python 软件的方式有多种，比如通过官方网站（见图 1.2）直接下载 dmg 格式的软件包进行安装。这里通过 Mac OS 常用的软件包管理器 Homebrew[4] 来安装（除此之外，通过软件管理器 MacPorts 也可安装）。在终端安装 Homebrew，其命令如下所示。Mac OS 通过 Ruby 安装 Homebrew。

```
bash-3.2$ /usr/bin/ruby -e "$(curl -fsSL https://raw.githubusercontent.com/
Homebrew/install/master/install)"
```

① https://zh.wikipedia.org/wiki/Python。

② https://www.python.org/downloads/。

③ https://www.anaconda.com/download。

④ https://brew.sh/。

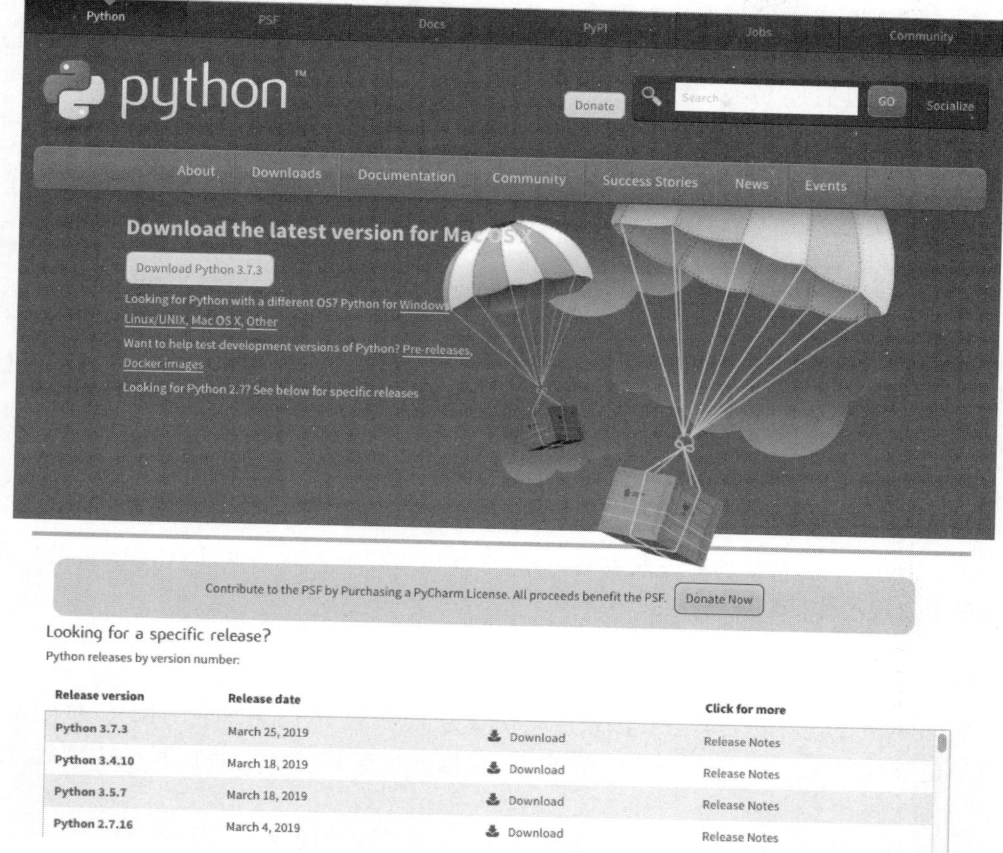

图 1.2　Python 官方网站下载界面

Homebrew 安装完成后，通过 brew 命令来安装 Python（Homebrew 通过命令 brew 管理程序），代码如下所示：

```
#查看 Homebrew 是否安装成功,若有输出路径则安装成功;反之,则安装失败
which brew 或 brew --version
#安装 Python3
brew install python3
#帮助命名
brew help
```

注意：通过 Homebrew 安装的 Python 软件版本是最新版本。

若要安装指定的版本，比如在 Mac OS 系统上安装 Python3.6.5 版本，可以通过以下命令完成安装。

```
brew install --ignore-dependencies https://raw.githubusercontent.com/Homebrew/
                    homebrew-core/f2a764ef944b1080be64bd88dca9a1d80130c558/
                    Formula/python.rb
```

实际工作中，由于项目原因可能需要在一个系统上安装多个 Python 版本，在 Mac OS 系统中可通过 brew 切换并将需要的 Python 版本修改为默认版本，但是前提是 Python 的安装是通过 brew 完成的。

```
#切换 Python 版本号
brew switch python 3.6.5_1
#切换默认 Python2
brew switch python 2.7.15
```

由于 brew 软件在默认条件下会自动更新已安装的软件，针对这一问题，可以通过以下命令来禁止其自动更新。在终端环境中输入（brew 执行命令时每次会执行更新，但是会一直卡住，可以通过添加环境变量的方式关闭自动更新）：

```
export HOMEBREW_NO_AUTO_UPDATE = true
```

由于 Python 不友好的向下兼容性问题，这样做可以有效地避免 Python3 自动更新，从而避免造成工作问题。

2. Windows

Windows 系统下的安装方式以软件包安装为主，通过 Python 的官方网站（见图 1.2）下载稳定版本的软件包，双击（鼠标左键）软件包进行安装。在安装过程中需要注意两件事：

- 软件安装路径的选择，最好安装在系统盘（若是固态硬盘可不予理会）；
- 勾选 Add Python 3.7 to PATH 选项。

若不勾选添加路径，则需要手动配置环境变量，打开环境变量配置界面，将 Python 软件安装的路径添加到系统变量的 Path 中。添加路径之后，可在终端环境中管理 Python 软件，因此建议安装时勾选添加路径（Add Python 3.7 to PATH），其界面如图 1.3 所示。

图 1.3 Windows 系统下安装 Python 软件（Python3.7 版本）

安装完成后，通过 Ctrl+R 组合键输入 cmd 并按下回车键(即 Enter 键)进入终端，在终端中输入 pip list 或 pip3 list 并按 Enter 键来查看 pip 管理工具是否正常安装。

3. Linux

由于 Linux 操作系统下的发行版本很多，这里仅以 CentOS7 为例，在 CentOS7 系统下安装 Python，相比于 Mac OS 和 Windows 系统稍微麻烦些。其步骤如下所示：

```
#终端下安装必备源
yum install gcc openssl - devel bzip2 - devel
#切换目录,并新建 Python 文件夹
cd /usr/src
mkdir python
#下载软件包 Python3.6.6 版本
wget https://www.python.org/ftp/python/3.6.6/Python - 3.6.6.tgz
#解压压缩包,并进入文件
tar  - xzf Python - 3.6.6.tgz
cd Python - 3.6.6
#编译及安装
./configure  -- enable - optimizations
make altinstall
```

安装完成后需要检查 pip 是否已安装，若没有安装，则采用以下方式进行安装。

```
#下载 pip 包
wget https://bootstrap.pypa.io/get - pip.py
#安装 pip
python3.6 get - pip.py
```

注意：由于 Ubuntu 的安装方式与 CentOS7 的差异性很小，可通过网络搜索其安装方法，这里不再赘述。

1.1.3 常用模块

Python 模块的安装和管理主要采用 pip 来管理(Anaconda 集成通过 conda 管理)，本书主要通过 pip 来进行模块的安装、卸载和升级。

```
#列出所有已安装的库(模块)
pip3 list
#列出所有过期的库
pip3 list  -- outdated
#安装模块,例: PackageName
pip3 install PackageName
#卸载
pip3 uninstall PackageName
#升级到最新版本模块
```

```
pip3 install -U PackageName
pip3 install --upgrade PackageName
#安装科学计算基础包 numpy
pip3 install numpy
#安装指定版本的 numpy(==1.15.4)
pip3 install numpy==1.15.4
```

注意：若操作系统中安装了多个 Python 版本，通常会有对应的 pip 版本，例如 pip2 管理 Python2.7 的模块，pip3 管理 Python3.6 的模块，pip3.7 管理 Python3.7 的模块。

不同系统下，pip 的管理略有差异，可通过命令 pip3 help install 查看具体用法。

读者或许会问：能不能一次安装多个指定版本的模块(库)？这个问题非常好，答案是肯定的。假如有个名为 requirements.txt 的文件，其路径和终端默认路径保持一致，将需要安装的模块及版本按照以下方式存储。

```
Markdown==2.6.7
Pygments==2.1.3
Pillow==3.4.2
python-slugify==1.2.1
bleach==1.5.0
timeago==1.0.7
django-pagedown==0.1.1
django-robots==3.0
django==1.10.4
```

其命令行安装方法为：

```
pip3 install -r requirements.txt
```

已知模块的安装可以实现批次化，那么过期模块的更新能否实现批次化呢？在 stackoverflow 上有人提供了批量更新的办法，一个循环即可完成，其实现的代码如下所示。

```
#交互环境下
import pip
from subprocess import call
for dist in pip.get_installed_distributions():
    call("pip install --upgrade " + dist.project_name, shell=True)
```

关于 Python 模块的安装方式主要有以上两种类型，读者可以根据自己的喜好选择合适的安装方式。

1.1.4 虚拟环境

由于 Python 语言的版本和模块版本的兼容性并不是完美的，因此建议在不同的项目中通过创建虚拟环境来避免各种问题，这里简要阐述虚拟环境的配置。虚拟环境下可根据相应的项目来安装和管理模块，如创建一个 MyEnv 的文件夹，下面在不同系统的终端下配置虚拟环境。

```
#虚拟环境必需的模块
pip3 install virtualenv
# 创建虚拟环境 Mac OS
python3.6 -m venv MyEnv
# 启动,进入虚拟环境 Mac OS
source ./MyEnv/bin/activate
# 创建虚拟环境 Windows
virtualenv MyEnv
# 创建虚拟环境 CentOS7
ln -s /usr/local/python3/bin/virtualenv /usr/bin/virtualenv
virtualenv MyEnv -p /usr/bin/python3
source ./MyEnv/bin/activate # 进入虚拟 Python 环境
#退出虚拟环境,通用
deactivate
```

Python3 拥有众多的模块，其涵盖范围非常广，包罗万象。由于本书主要讲解数据科学，因此这里只介绍与数据科学相关的模块和部分常用的模块。数据科学模块主要有 NumPy、SciPy、SymPy、Scikit-Learn、Matplotlib、PyTorch、TensorFlow 以及 pandas 等。

- NumPy(Numerical Python 的简称)：作为科学计算的基础包，提供了关于科学计算相关知识的函数模块，比如线性代数、傅里叶变换和随机数等。其性能优于 math 模块，其原因在于 NumPy 由 C、C++、FORTRAN 代码开发集成。
- SciPy(Science Python 的简称)：科学计算基本模块，是安装机器学习模块 Scikit-Learn 的必备模块。
- SymPy：主要用于数学中的符号计算，旨在代替 Maple。
- Scikit-Learn：机器学习模块，包含常见的机器学习算法和数据集。
- Matplotlib：强大的绘图模块，也是最常用的绘图模块之一。
- PyTorch：深度学习模块，与 NumPy 交互性非常好，支持动态图计算。
- TensorFlow：深度学习模块，支持静态图计算。
- pandas：强大的数据处理和分析模块，可处理千万级别的数据。

在日常工作中，需要根据不同的工作需求选择不同的模块，常用的模块主要有 IPython、Notebook、virtualenv、Cpython 等。

- IPython：强大的终端交互开发环境，兼容 bash。
- Notebook：一个基于 Web 的开发环境。
- virtualenv：配置虚拟环境，在项目开发中强烈建议安装虚拟环境。
- Cpython：用于加速运算。

1.2 基础知识

视频讲解

1.2.1 认识 Python

1. 缩进

不像 C++、Java 或 PHP 等语言中的{},Python 语言模块代码采用缩进的形式,通常采用 4 个空格(或制表符 Tab)来完成,但是前提要统一,不然极易造成异常(通常无法执行),读者要切记这点。

```
#循环
for i in range(3):
....print(i, end = '\t')
#输出
012
```

2. I/O

Python3 与 Python2 存在一定的差异,虽然针对输入命令 input 是一致的,但是针对输出命令 print,Python3 需要添加英文状态下的小括号()。

在计算机终端,输入命令 ipython 或 ipython3(系统含有 2 个版本的 Python),进入编程交互环境,可以看到以下场景。

```
#安装高级交互模块
bash-3.2$ pip3 install ipython
bash-3.2$ ipython3
Python 3.6.5 (default, Jun 17 2018, 12:15:43)
Type 'copyright', 'credits' or 'license' for more information
IPython 6.5.0 -- An enhanced Interactive Python. Type '?' for help.

In [1]:
```

现在可以直接进行交互式编程了。

```
In [1]: name = input("Your name: ")              #输完按回车(Enter)键
Your name: python                                #输入内容
In [2]: print("My name is %s" %name)
My name is python
```

通过以上代码不难看出 Python 语言的简洁之处。简要说明以下两个命令:输入命令 input 需要人机互动,即需要输入一个参数,其返回值的类型是字符串(string);输出命令 print 将打印出内容,%s 表示待输入一个字符串参数,%后面为需要传入的值。

```
In [5]: name = 'python'                                        #字符串
In [6]: age = 30                                               #整数
In [7]: print("My name is %s, my age is %d" %(name,age))      #打印输出内容
My name is python, my age is 30
```

除了以上方式，还有以下几种传参方法。

```
# 传参方法 1
In [8]: print("My name is {}, my age is {}".format(name, age))
My name is python, my age is 30
# 传参方法 2
In [9]: print("My name is {0}, my age is {1}".format(name, age))
My name is python, my age is 30
# 传参方法 3
In [10]: print("My name is {name}, my age is {age}".format(name=name, age=age))
My name is python, my age is 30
```

参数的传入方式是一门艺术，当参数量较少时不能看出其差别，若参数数量或参数存在重复等情况时，就需要选择合理的传参方法。

在交互环境(或 Notebook)下，通过命令 whos 或 who 来查看现有的变量以及类型。所有变量会存储在内存中，有时候需要释放部分或全部变量。

```
#只查看变量名
In [57]: who
a array data
#查看变量名、类型、基本信息
In [58]: whos
Variable    Type                          Data/Info
------------------------------------------------------------
a           list                          n=2
array       builtin_function_or_method    <built-in function array>

#删除单个变量
In [59]: del a
#释放所有变量
In [60]: %reset -f
```

3. 注释

善用注释是一名优秀编程人员的基本素养。注释是给人看的，其内容可以是随意的(提示：力求简约、易读、易懂)，程序解释器会忽略掉注释，注释的目的在于让人看懂代码要表达的意思。Python 的注释有 3 种方式，严格而言有两种。

- #主要用于单行注释，注释内容通常为关键词或核心内容；

- 6 个英文状态下的单引号'，或双引号" "，主要用于大篇幅的注释说明、内容阐述或者涉及换行的文本内容。

下面通过一个实例来查看代码注释，给定一个代数算子的公式：

$$a \hat{+} b = a + b - ab \tag{1.1}$$

其中，$a \in [0,\ 1]$，$b \in [0,\ 1]$。Python 定义算子的代码如下所示。

```
def add_operator(a, b):
    '''
    模糊数学,代数算子中的概率和公式: $ a \hat{ + } b = a + b - ab $
    :param a:浮点数,区间 [0,1]
    :param b:浮点数,区间 [0,1]
    :return: a + b - ab
    '''
    #判断 a, b 为值
    if (a > 1) or (b > 1):
        print("a, b must be less than 1.0")
    elif (a < 0) or (b < 0):
        print("a, b are greater than 0 ")
    return a + b - a * b
```

这里通过 6 个单引号给出了函数的注释说明，该注释方法允许跨行，#注释单行说明。

注意：为了节省篇幅，在后面可能不会将所有的方法都一一声明，但在日常工作中应保持这种良好的习惯。

4. 模块

Python 现有的模块包非常多，其模块包不断在更新并有新的模块已开发或处于开发中，因此 Python 是一个功能强大且多功能的面向对象的编程语言。

5. 定义

Python 的定义函数通常有两种方式：一种是定义较复杂的函数；另一种是简单的函数。

```
#方法 1
def f(x):
    print(x)
#方法 2
f = lambda x: print(x)
```

6. 类

Python 是一个面向对象的高级语言，关于类的了解和学习需要读者去领悟，类的构建是非常简单的，其创建方式有两种：一种是正规的；另一种是比较随意的。下面先给出正规的写法。

```
class PyInfo(object):
    '''Python 的基本信息类 '''
    def __init__(self):
        self.name = 'python'
        self.age = 30
    #更新年龄
    def update_age(self, age):
        self.age = age
    #基本信息
    def out_info(self):
        return 'My name is {name}, age is {age}'.format(name=self.name, age=self.age)
```

Python 创建类以 class 开始，类名称采用大小写的格式进行，随后定义了 3 个方法，第一种方法__init__()是一种特殊的方法，被称为初始化方法(类的构造函数)，创建实例时会直接调该方法。而 self 表示类的实例，self 是定义类的方法时必须有的。若要进行深入学习，可查阅相关的专业书籍或资料。下面看下自定义类 PyInfo 实例化后的效果。

```
#实例化
t1 = PyInfo()
t1.name, t1.age # ('python', 30)
#更新年龄
t1.update_age(18)
t1.age # 18
t1.out_info() # 'My name is python, age is 18'
```

下面给出一种比较随意的定义方式。

```
# 创建类
class PyInfo1(object):
    pass
t2 = PyInfo1()
t2.name = 'python'
t2.age = 18
```

在实际工作中，建议读者构建正规方式类，主要利于维护和方便管理。

1.2.2 数据类型

视频讲解

计算机处理的数据不局限于数值，还有文本数据(自然语言)、图像(神经网络)、网页(网络爬虫)、音频(循环神经网络)、视频等各种类型的数据，根据不同的数据需要定义不同的数据类型。Python 可以直接处理的数据有以下几种。

1. 布尔类型

布尔类型(bool)在函数判断中有着重要的地位,以 True 和 False 表示。

```
In [15]: True and True
Out[15]: True
In [16]: True or False
Out[16]: True
In [17]: not(1 == 1)
Out[17]: False
In [18]: 0 != 1
Out[18]: True
In [19]: 1 == 1
Out[19]: True
In [29]: 1 == True
Out[29]: True
In [31]: 0 == False
Out[31]: True
In [20]: False and False
Out[20]: False
In [21]: False is False
Out[21]: True
```

Python 语言中 1 表示真(True),0 表示假(False),布尔类型在判断条件时有着非常重要的作用。

2. 字符串

字符串(string 或 str)是通过英文状态下的单引号或双引号括起来的任意内容。

```
In [22]: str1 = "abc"
In [23]: str2 = 'abc'
In [24]: str1 == str2
Out[24]: True
In [25]: str3 = "I'm python"
In [26]: str4 = "You said, \"I love you forever!\""
In [27]: str3
Out[27]: "I'm python"
In [28]: str4
Out[28]: 'You said, "I love you forever!"'
```

显然,单引号和双引号的结果是一样的。但是内容中含有单引号时只能用双引号,若内容含有双引号时,则需要转义字符 \来标识 (转义)。

```
In [16]: str5 = "I love \tPython3 \nand you"
In [18]: str5 #字符串
```

```
Out[18]: 'I love \tPython3 \nand you'
In [19]: print(str5) #标准打印
I love Python3
and you
```

Python 文本数据的操作远胜于 MATLAB，若从事文本数据的工作或科研，在涉及文本数据的处理时 Python 是个不错的选择。下面是 Python 判断字符串是否是以指定字符串开头或结尾的示例。

```
# 以 a 字母开始的字符串
In [158]: str1.startswith('a')
Out[158]: True
# 以 'thon' 结束的字符串
In [160]: str3.endswith("thon")
Out[160]: True
# 字符串常见命令（部分）tab(自动补全命令)
In [161]: str3.
str3.capitalize str3.expandtabs str3.isalpha      str3.isprintable str3.lower
str3.casefold   str3.find       str3.isdecimal    str3.isspace     str3.lstrip
str3.center     str3.format     str3.isdigit      str3.istitle     str3.maketrans
str3.count      str3.format_map str3.isidentifier str3.isupper     str3.partition >
str3.encode     str3.index      str3.islower      str3.join        str3.replace
str3.endswith   str3.isalnum    str3.isnumeric    str3.ljust       str3.rfind
```

在日常工作中数据往往较为复杂，字符串的操作与模块 re(提供正则表达式功能的模块)搭配可以方便、快捷地解决很多问题（正则表达式）。比如将格式 11/27/2012 的日期字符串改成 2012-11-27。

```
import re
text = 'Today is 11/27/2012. PyCon starts 3/13/2013.'
re.sub(r'(\d+)/(\d+)/(\d+)', r'\3-\1-\2', text)
```

输出结果：

```
'Today is 2012-11-27. PyCon starts 2013-3-13.'
```

3. 整数

整数(integer 或 int)是序列{…,−4,−3,−2,−1,0,1,2,3,…}中所有的数的统称，包括负整数、零(0)与正整数。这个集合在数学上通常用粗体 **Z** 或 Z 表示，源于德语单词 Zahlen(意为“数”)的首字母①。由于计算机采用二进制，因此除了通常的写法外，还可以

① https://zh.wikipedia.org/wiki/整数。

用二进制、十六进制的形式来表示整数，十六进制用前缀 0x 和 0～9，a～f 表示，例如 0xa5b4c3d2。

```
In [40]: num1 = 10
In [41]: num2 = 3.0
In [43]: type(num1)
Out[43]: int
In [45]: type(num2)                    #类型
Out[45]: float
In [46]: type(int(num2))               #float2int
Out[46]: int
In [47]: num16 = 0xa5b4c3d2            #十六进制
In [48]: num16
Out[48]: 2780087250
```

4. 浮点数

浮点数(float)也就是常说的实数，在数值计算学科中，浮点(floating point，FP)是一种对于实数的近似值表现法，由一个有效数字(即尾数)加上幂来表示，通常是实数乘以某个基数的整数次指数得到。以这种表示法表示的数值，称为浮点数(floating-pointnumber)①。形如 1.1415、3.14159、−10.01、1.2×10^{10}。其学术名称来源于科学记数法。一个浮点数的小数点位置可变。比如，1.24×10^{6} 与 12.4×10^{5} 是完全相等的。

浮点数和整数在计算机内部存储形式不同，其结果就是：整数的运算是精确的(含除法)，浮点数的运算可能会存在四舍五入(round)导致的误差。

```
In [52]: int1 = 10
In [53]: float(int1)               #int2 float
Out[53]: 10.0
In [55]: type(float(int1))         #类型
Out[55]: float
In [60]: float2 = 10.3             #直接赋值
In [61]: float2
Out[61]: 10.3
```

视频讲解

1.2.3 数据结构

1. 列表

列表(list)是 Python 编程语言中最常用的数据结构之一，以[]来表示。下面通过实例来详细阐述。

① https://zh.wikipedia.org/wiki/浮点数。

```
In [29]: list1 = ['abc', 123, [1, 2, '0']]
#类型
In [30]: type(list1)
Out[30]: list
#打印输出
In [31]: list1
Out[31]: ['abc', 123, [1, 2, '0']]
#切片
In [32]: list1[0]
Out[32]: 'abc'
#长度
In [33]: len(list1)
Out[33]: 3
# 长度
In [34]: list1.__len__()
Out[34]: 3
# 更新值
In [35]: list1[0] = 10
# 输出结果
In [36]: list1
Out[36]: [10, 123, [1, 2, '0']]
# 倒序切片
In [37]: list1[-3]
Out[37]: 10
```

这里是将['abc', 123, [1, 2, '0']]赋值给 list1(注意,变量名不要用 Python 的内置变量来命名,如 list=[1, 2]),通过命令 type 输出的是一个列表; list1 的第 1 个元素(list1[0])是 'abc'字符串,命令 len 用来度量实例 list1 的长度; list1[0] =10,即将实例 list1 第 1 个位置的内容更改为 10,类似于 MATLAB 中的用法。

通过列表实例不难发现:

- 列表的元素可以是各种数据类型(字符串、整数、浮点数),也可以是数据结构(列表、元组、字典等);
- 列表的索引位置从 0 开始(从左到右),若从右到左,则从−1 开始,比如: list1[0] = list1[−3], list1[2] = list1[−1];
- 列表的元素可以更改。

下面来探索列表的“加法”和“乘法”。

```
In [1]: list1 = [1, 2, 3]
In [2]: list2 = [2, 4, 6]
In [3]: list1 + list2 #加法
Out[3]: [1, 2, 3, 2, 4, 6]
#加法,将 list2 中的元素追加到 list1,元素顺序不变
In [4]: list1.extend(list2)
In [5]: list1
```

```
Out[5]: [1, 2, 3, 2, 4, 6]
In [6]: list1 = [1, 2, 3]
#加法,将 list2 作为 1 个元素添加到 list1
In [7]: list1.append(list2)
In [8]: list1
Out[8]: [1, 2, 3, [2, 4, 6]]
```

列表的“加法”主要有以上 3 种方式,在实际应用中更提倡用 extend 和 append,可增加代码的可读性。

```
In [2]: list2 = [2, 4, 6]
In [17]: list2 * 2 #乘法
Out[17]: [2, 4, 6, 2, 4, 6]
#乘以小于 0 的整数
In [21]: list2 * -1
Out[21]: []
#乘以 0
In [22]: list2 * 0
Out[22]: []
```

列表的“乘法”只会将元素复制并返回一个列表,其系数必须是整数,若系数值小于或等于 0,返回结果都是空列表。除了以上用法,列表还有其他的内置函数可以调用,在输入 list2. 后按 Tab 键,即可输出下面的结果。

```
In [18]: list2.
    list2.append list2.extend list2.remove
    list2.clear list2.index list2.reverse
    list2.copy list2.insert list2.sort
    list2.count list2.pop
```

若要深入了解其函数的具体用法,可通过 help 命令或在函数后添加 ??(比如 sum??)来查看,其代码实现如下所示。

```
In [24]: help(list2.index)
Help on built-in function index:

index(...) method of builtins.list instance
    L.index(value, [start, [stop]]) -> integer -- return first index of value.
    Raises ValueError if the value is not present.
(END)
# 按 q 键返回交互环境

In [23]: list2.index??
Docstring:
```

```
L.index(value, [start, [stop]]) -> integer -- return first index of value.
Raises ValueError if the value is not present.
Type:      builtin_function_or_method

In [27]: list2.index(4)
Out[27]: 1

In [28]: list2.index(4, 1, 3)
Out[28]: 1

In [29]: list2.index(4, 2, 3)
---------------------------------------------------------------------------
ValueError                                Traceback (most recent call last)
<ipython-input-29-fd5df27027d2> in <module>()
----> 1 list2.index(4, 2,3)

ValueError: 4 is not in list
```

通过命令 list2.index?? 可以看到函数 L.index(value, [start, [stop]])检索数值 value=4 在 list2 中的位置，start 和 stop 分别表示检索范围的开始位置和结束位置，若检索不到给定数值，则返回错误。由于篇幅有限，其他的函数不再进行详细阐述。

另外，再介绍一个操作列表的模块包 heapq，其模块对于列表的操作有很多便利之处。对于列表中包含 list 格式的元素，可以通过一种方式使其全部转换为同一层次的元素。

```
import heapq
for x in heapq.merge([1,3,4],[2]):
    print(x,end = '\n')
```

对以上代码按 Enter 键，则会输出以下内容。

```
1
2
3
4
```

另外，还有其他用法。

```
import heapq
list = [1,4,8,6]
heapq.heappop(list1)
```

输出结果：

```
1
```

```
import heapq
list1 = [4,5,8,1]
heapq.heapify(list)
list1
```

输出结果：

```
[1, 4, 8, 5]
```

输出的结果并不是一种排序，更像是排序过程的一些环节性结果，该函数是以线性时间将一个列表转换为堆。例如：

```
import heapq
h = [ ]
heapq.heappush(h,(1,'food'))
heapq.heappush(h,(2,'fun'))
heapq.heappush(h,(3,'work'))
heapq.heappush(h,(4,'study'))
h
```

输出结果：

```
[(1, 'food'), (2, 'fun'), (3, 'work'), (4, 'study')]
```

2. 元组

元组（tuple)不同于列表，主要体现在：①列表可改变其中的元素，而元组则不能；②由于元组的元素不能改变，因此具有更高的安全性。

```
#含有两个元素的元组 t1
In [1]: t1 = 1,2
#含有一个元素的元组 t2
In [2]: t2 = 1,
In [3]: t3 = (1)
#判断是否相等
In [4]: t2 == t3
Out[4]: False
#单元素的元组
In [5]: t4 = (1,)
# 判断是否相等
In [6]: t2 == t4
Out[6]: True
In [7]: t5 = tuple(1)
```

```
----------------------------------------------------------------
TypeError Traceback (most recent call last)
<ipython-input-9-71913185363b> in <module>()
----> 1 t5 = tuple(1)

TypeError: 'int' object is not iterable

In [8]: t5 = tuple([1])
In [9]: t5 == t2
Out[9]: True
In [10]: t1.
            t1.count
            t1.index
```

元组的构建比较有趣，当元素数量大于1时，可以直接赋值给变量；当只有一个元素时，需要在最后添加一个逗号。元组和列表之间可以通过tuple(list)函数和list(tuple)函数相互转换。元组内部只有count、index两个调用函数，远少于列表，其根源出于安全性考虑。尽管如此，但是在一种情况下还是可以更改元组，如下所示。

```
In [18]: t1 = 1, [2,3, 'a'] #构建元组
#输出
In [19]: t1
Out[19]: (1, [2, 3, 'a'])
#元组中的元素为列表,可改变其元素
In [20]: t1[-1][-1] = 10
#输出
In [21]: t1
Out[21]: (1, [2, 3, 10])
```

元组不像列表的[]，例如t3=(1)，其实质是一个整数，t3==1返回的结果是True，可通过命令type查看。

3. 集合

集合(set)是数学中的一个重要概念，通过set()来表示，其元素可以是字符串、数值型(整数、浮点数、复数)，满足集合的性质：无序性、互异性和确定性。

```
#定义一个空集合
In [1]: set1 = set()
#添加一个元素
In [2]: set1.add(2)
#添加多个元素
In [3]: set1.update([1,2,3])
In [4]: set1
```

```
Out[4]: {1, 2, 3}

In [5]: set2 = {2, 2, 3, 4, 'a'}
In [6]: set2
Out[6]: {2, 3, 4, 'a'}
```

集合的设置有两种方式：①先创建一个空集合（set()），再添加元素；②直接通过{}将集合元素括起来。使用命令 add 一次只能添加 一个元素，使用命令 update 可一次添加含有多个元素。

下面简要介绍集合常用的几种运算。

```
#交集
In [7]: set1.intersection(set2)
Out[7]: {2, 3}

In [9]: set1 & set2
Out[9]: {2, 3}

#并集
In [10]: set1.union(set2)
Out[10]: {1, 2, 3, 4, 'a'}

In [11]: set1 | set2
Out[11]: {1, 2, 3, 4, 'a'}

#差集
In [13]: set1 - set2
Out[13]: {1}

In [14]: set1.difference(set2)
Out[14]: {1}

#对称差集
In [4]: set1 ^ set2
Out[4]: {1, 4, 'a'}

In [5]: set2 ^ set1
Out[5]: {1, 4, 'a'}
```

集合内置的成员函数很多，这里不再一一阐述，读者可通过 help 命令自行学习。删除命令 discard 优于命令 remove，通过下面实例可以看出。

```
In [17]: set2.discard(5)

In [18]: set2.remove(5)
```

```
---------------------------------------------------------------------------
KeyError                                  Traceback (most recent call last)
<ipython-input-18-fdc99b63970e> in <module>()
----> 1 set2.remove(5)

KeyError: 5

In [19]: set2.discard(2)

In [20]: set2
Out[20]: {3, 4, 'a'}
```

不难发现，当被删除元素不属于($\notin$)集合时，命令 discard 不会抛出异常，而命令 remove 则会抛出异常。

设集合 A、B，其 Python 下的命令主要如表 1.1 所示。其中，集合 AB 是集合 A 和集合 B 的交集。

表 1.1 集合运算命令

命令	公式	命令	公式
A. intersection(B)	$A \cap B$	A. issubset(B)	$A \subseteq B$
A. union(B)	$A \cup B$	A. issuperset(B)	$A \supseteq B$
A. difference(B)	$A - B$	A. symmetric_difference(B)	$A \cup B - A \cap B$

这里需要介绍字符串和列表(元组)怎么去重(互异性)。对于列表可能很容易想到将其转换为集合，那么字符串呢？通过几个实例来说明。

```
#列表
In [123]: sample_list = [1, 2, 3, 1, 2, 4, 10]
#常规方法
In [124]: set(sample_list)
Out[124]: {1, 2, 3, 4, 10}
#高级方法
In [125]: {}.fromkeys(sample_list).keys()
Out[125]: dict_keys([1, 2, 3, 4, 10])
#字符串
In [127]: data_str = "I very very like python"
In [128]: data_str.split()
Out[128]: ['I', 'very', 'very', 'like', 'python']
#字符串转换为列表
In [129]: data_str1 = 'abcabs'
In [130]: list(data_str1)
Out[130]: ['a', 'b', 'c', 'a', 'b', 's']
```

换句话说，可以先将其转换为列表，然后再想办法去重。

4. 字典

字典(dict)通过命令 {}定义。字典需满足 key-value 规则。

```
In [30]: dict1 = {'name': 'python', 'age': 30, 'version': [3.4, 3.5, 3.6, 3.7]}

In [31]: dict1
Out[31]: {'name': 'python', 'age': 30, 'version': [3.4, 3.5, 3.6, 3.7]}
```

字典必须有 key(键)和 value(值)。除了上面的创建方式,还有其他常见的创建方式:

```
#二元组创建
In [32]: list1 = [('name', 'python'), ('age', 30), ('version', [3.4, 3.5, 3.6, 3.7])]
In [33]: dict2 = dict(list1)

#关键字创建
In [34]: dict3 = dict(name = 'python', age = 30, version = [3.4, 3.5, 3.6, 3.7])

# zip 规则
In [39]: key_list = ['name', 'age', 'version']
In [40]: val_list = ['python', 30, [3.4, 3.5, 3.6, 3.7]]
In [41]: dict4 = dict(zip(key_list, val_list))

#判断
In [42]: dict1 == dict2 == dict3 == dict4
Out[42]: True
```

有时工作中需要将 key 和 value 进行互换,可通过以下方式轻松实现。

```
In [43]: a_dict = {'a':1,'b':2,'c':3}
In [44]: {value:key for key,value in a_dict.items()}
Out[44]:
{1: 'a', 2: 'b', 3: 'c'}
```

若想获得字典的最值(最大值、最小值),可以通过以下命令实现。

```
# 最大值
In [20]: max(a_dict, key = a_dict.get)
Out[20]: 'c'
# 最小值
In [21]: min(a_dict, key = a_dict.get)
Out[21]: 'a'
```

字典同样可以实现合并,这里提供一种较好的方法。

```
In [22]: a_dict = {'I': 'love', 'you': 2}
In [23]: b_dict = {'I': 'me', 1: [2, 4]}
In [24]: ab_dict = { ** a_dict, ** b_dict}
In [25]: ab_dict
Out[25]: {'I': 'me', 'you': 2, 1: [2, 4]}
```

这里需要注意一点,若两个字典中的键有相同的,则以后面的为主(覆盖之前的键)。

1.2.4 条件判断

条件判断在日常工作中经常用到,Python 语言的条件判断用 if 语句。

这里给定一个简单的数学问题来阐述条件判断。其体重指数(BMI,也称克托莱指数)公式如下所示:

$$\mathrm{BMI}(w,h)=\frac{w}{h^2} \tag{1.2}$$

式中,w 为体重(kg),h 为身高(m)。BMI 是衡量一个人体重是否健康的一个指标,如表 1.2 所示。

表 1.2 BMI

BMI/kg·m^{-2}	小于 18.5	18.5～25	25～28	大于或等于 28
状态	过轻	正常	超重	肥胖

现在已知某同学的身高为 1.92m,体重为 108kg,现在需要计算他的 BMI。

```
height = float(input('请输入身高 (m):'))
weight = float(input('请输入体重 (kg):'))
bmi_index = weight / (height * height)
if bmi_index < 18.5:
    print("BMI 为: {:.1f},过轻 ".format(bmi_index))
elif 18.5 <= bmi_index < 25.0:
    print("BMI 为: {:.1f},正常 ".format(bmi_index))
elif 25.0 <= bmi_index < 28.0:
    print("BMI 为: {:.1f}, 超重 ".format(bmi_index))
else:
    print("BMI 为: {:.1f}, 肥胖 ".format(bmi_index))
```

通过以上实例可以发现 Python 的条件判断 if 的用法:先以 if 开头,后面紧跟着条件,再以冒号的形式给出满足条件的执行语句,若不满足则进行下一个 elif 条件判断,最后以 else 的一个条件结束。执行以上代码,会弹出提示框等待输入该同学的身高和体重,将已知条件输入后,以上代码会打印出 BMI 约等于 29,属于肥胖类型。

1.2.5 循环

Python 中的循环语句有两种:for 和 while。

1. for

Python 的 for 循环语句是一个遍历过程，在前面的内容中已经涉及一些它的用法。这里通过实例再简要说明一下，比如现需要得到区间[0, 10]的所有偶数。

```
#方法 1 最简单的形式
list(range(0, 11, 2)) # [0, 2, 4, 6, 8, 10]
#方法 2
even_list = []
for value in range(11):
    if value % 2 == 0: #余数
        even_list.append(value)
print(even_list) # [0, 2, 4, 6, 8, 10]
#方法 3
[value for value in range(11) if value % 2 == 0]
```

通过这个实例，读者可能认为方法 1 是最佳的方案并且是现成命令，为什么还要构建其他的方法？若再加点要求，比如要求得到区间[0,10]中的偶数，并且原来奇数变为奇数的平方，且保证相对位置不变。比如结果为：0,1,2,9,…,81,10。

```
#方法 1
even_list = []
for value in range(11):
    if value % 2 == 0:
        v = value
    else:
        v = value * value
    even_list.append(v)
print(even_list)
[0,1,2,9,4,25,6,49,8,81,10]
#方法 2
[value if value % 2 == 0 else value * value for value in range(11)]
[0,1,2,9,4,25,6,49,8,81,10]
```

以上实例通过 range()是无法直接实现的，需要构建相应的规则计算。读者不难发现，方法 2 相比于方法 1 代码量非常少，但是性能如何呢？下面以实验的形式做下性能对比，在实验之前需要对方法 1 稍做修改。

```
def f(n):
    even_list = []
    for value in range(n):
        if value % 2 == 0:
            v = value
        else:
```

```
            v = value * value
        even_list.append(v)
    return even_list
# Notebook 或 IPython 环境下
%timeit f(11)
3.85μs ± 394 ns per loop (mean ± std. dev. of 7 runs, 100000 loops each)
#方法 2
%timeit [value if value % 2 == 0 else value * value for value in range(11)]
2.38μs ± 75.8 ns per loop (mean ± std. dev. of 7 runs, 100000 loops each)
```

不难发现方法 2 不仅代码简洁，而且性能也比方法 1 好。建议学习 Python 编程时多思考，练习时培养一个目的多种实现方法的习惯。这里用到了魔术命令%timeit，读者可以查阅相关的资料来深入学习。

2. while

在 Python 中，while 语句是另一个重要的循环语句，这里依然通过一个实例来看以下编程语言，不妨以高斯小时候做过的一个数学题，即计算 1+2+…+100 的值为例，这里仅通过最慢的方法让计算机完成计算。

```
num = 100              #循环次数
i = 1                  #初始值
count = 0              #初始值
while i <= num:
    count += i
    i += 1
print(count)
5050
```

进行 while 循环时，i=1 小于 num 值为真(True)，则 count=0+1(i=1)，更新 i 值，直到条件不满足时终止循环。最终打印出求和值。

1.2.6 实例

视频讲解

1. 一元二次方程

已知一元二次方程的一般形式如下：

$$ax^2 + bx + c = 0 \quad (a \neq 0) \tag{1.3}$$

其中，ax^2 是二次项，bx 是一次项，c 是常数项。其公式解法的根表达式为：

$$x_{1,2} = \frac{-b \pm \sqrt{b^2 - 4ac}}{2a} \tag{1.4}$$

有时候也写成：

$$x_{1,2} = \frac{2c}{-b \pm \sqrt{b^2 - 4ac}} \tag{1.5}$$

下面给出方程的求根通式(公式解法)的编程。通过 Visual Studio Code、PyCharm 或其他形式创建 solveRoot. py 文件。

```
def solve_root(a, b, c):
    '''
    求解方程 $ax^{2} + bx + c = 0$ 的根，通过公式解法求解：
    $x_{1,2} = \frac{-b \pm \sqrt{b^{2} - 4ac}}{2a}$ (一元二次方程)
    :param a: 二次项系数，整数或浮点数
    :param b: 一次项系数，整数或浮点数
    :param c: 常系数，整数或浮点数
    :return: 输出方程的解
    '''
    #一元一次方程
    if a == 0:
        if b != 0:
            return c/b
        else:
            return '任意解 ' if c == 0 else None
    #一元二次方程
    else:
        delta_val = b * b - 4 * a * c
        if delta_val < 0:
            return None
        elif delta_val == 0:
            return -b / (2 * a)
        return (-b - delta_val) / (2 * a), (-b + delta_val) / (2 * a)

# 运行函数
if __name__ == "__main__":
    a = 1
    b = 2
    c = 1
    print(solve_root(a, b, c))
```

输出值为−1.0。这里还给出了当 $a=0$ 条件下的一元一次方程的求根方法，若方程无解，则返回 None。

下面简要阐述定义函数(通过式(1.4)求解一元二次方程)要用到的一些编程术语。if、else 或 elif 是条件判断语句中的方法，对不同条件进行不同的处理. 用到了三元函数，return'任意解'if c == 0 else None，即当 c==0 为真时，输出任意解，否则输出 None。

Python 语言通过 def(define 的简写)定义函数，用小括号将 3 个参数括起来，并在最后用英文状态下的冒号结束，换行添加定义方法的注释(6 个单引号)。

```
def solve_root(a, b, c):
    '''
    添加注释
```

```
    '''
    pass #若没有想好具体计算方法,可以 pass 结束,不会抛出异常
```

Python 定义函数的输出且通过 return 输出,当然这并不是唯一的,读者可以根据实际情况而定,比如用 print、raise、yield 等。

这里再介绍一个重要的模块(库),若读者想看命令或函数的源(代)码,这里提供一种办法。

```
import inspect
inspect.getsource(sum) #其他版本可能会出现报错的情况
```

2. 蒙特卡洛方法

蒙特卡洛方法(Monte Carlo method)是 20 世纪 40 年代中期由冯·诺依曼、斯塔尼斯拉夫·乌拉姆和尼古拉斯·梅特罗波利斯在洛斯阿拉莫斯国家实验室为核武器计划工作时发明的。蒙特卡洛方法是通过随机数(伪随机数)来解决计算问题的有效方法。读者或许会疑惑蒙特卡洛方法的名字为什么与三名发明人无关,其根源是乌拉姆的叔叔是名好赌者,因他经常在摩纳哥的蒙特卡洛赌场输钱而得名。下面通过蒙特卡洛方法近似求解 π 的值。

设变量 x, y,满足以下方程:

$$x^2 + y^2 = 1 \tag{1.6}$$

这里只考虑在变量 $x>0$ 和 $y>0$ 的情况。根据圆的面积公式,则四分之一的圆面积与边长为 1 的正方形面积之比为 $\frac{\pi}{4}$,如图 1.4 所示。

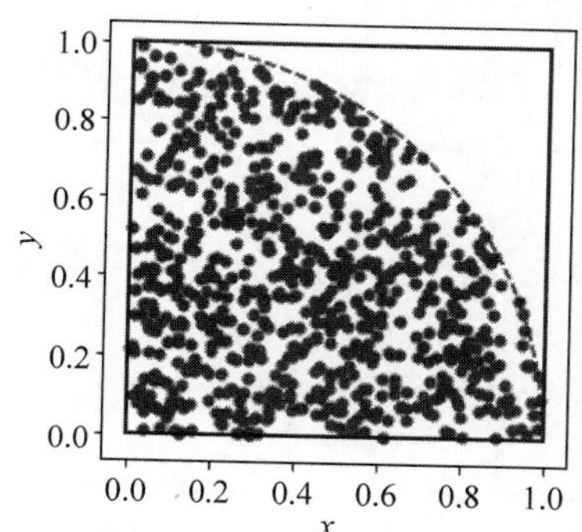

图 1.4 蒙特卡洛方法估计 π 值

图 1.4 由 Python3 编程实现,主要用到 NumPy 和 Matplotlib 模块,代码如下所示。

```
def circle_func(x):
    '''
    圆在第 I 象限中的函数
    '''
    return np.sqrt(1 - np.power(x, 2))

if __name__ == "__main__":
    import numpy as np
    import matplotlib.pyplot as plt
    #模拟次数
    num = 10000000
    #生成随机数, [0,1]满足均匀分布
```

```
    x_arr = np.random.rand(num)
    y_arr = np.random.rand(num)
    circle_inner_x = x_arr[np.power(x_arr, 2) + np.power(y_arr, 2) < 1]
    circle_inner_y = y_arr[np.power(x_arr, 2) + np.power(y_arr, 2) < 1]
    x = np.linspace(0, 1, num)
    y = circle_func(x)
    plt.figure(figsize=(4,4)) #声明图片大小
    plt.plot([0,0],[0,1], 'b-', [1,1], [0,1], 'b-') #竖线
    plt.plot([0,1],[1,1], 'b-', [0,1], [0,0], 'b-') #横线
    plt.xlabel("$x$")
    plt.ylabel("$y$")
    plt.plot(x_arr, y_arr, 'r--')
    plt.scatter(circle_inner_x, circle_inner_y, linewidths=.01)
    # plt.axis('equal') #防止图像变形
    plt.show()
    # pi 值
    pi_value = x_arr[np.power(x_arr, 2) + np.power(y_arr, 2) < 1].shape[0] / num * 4
```

在模拟次数 num=10000000 的条件下，其结果为 pi_value=3.1415252。由于是随机数，读者运行的结果可能与该结果略有差异，但当模拟次数足够大时，越接近真实的 π 值。

若没有 Python 的良好基础，也可以通过简单的方法来实现，其代码如下所示。

```
#导入随机数包
import random
#样本数量
count = 1000000
#圆内点数量
incount = 0
for i in range(count):
    x = random.random()
    y = random.random()
    if (x**2 + y**2) < 1:
        incount += 1
print(incount * 4.0 / count)                  #输出
3.140448                                      #输出结果
```

3. 牛顿法

牛顿法(Newton's method)又称牛顿-拉费森方法。牛顿法最初由艾萨克·牛顿在《流数法》中提出，该方法是一种近似求解非线性方程的高效方法。其迭代公式为：

$$x_{n+1}=x_n-\frac{f(x_n)}{f'(x_n)} \tag{1.7}$$

其中 $f'(x_n)\neq 0$，为函数 $f(x)$的导数在 x_n 处的取值，n 为迭代步数。

给定一个初始值，通过牛顿法可以快速求解出方程的近似值(牛顿法需要满足二次收

敛)，其求解过程如图 1.5 所示。

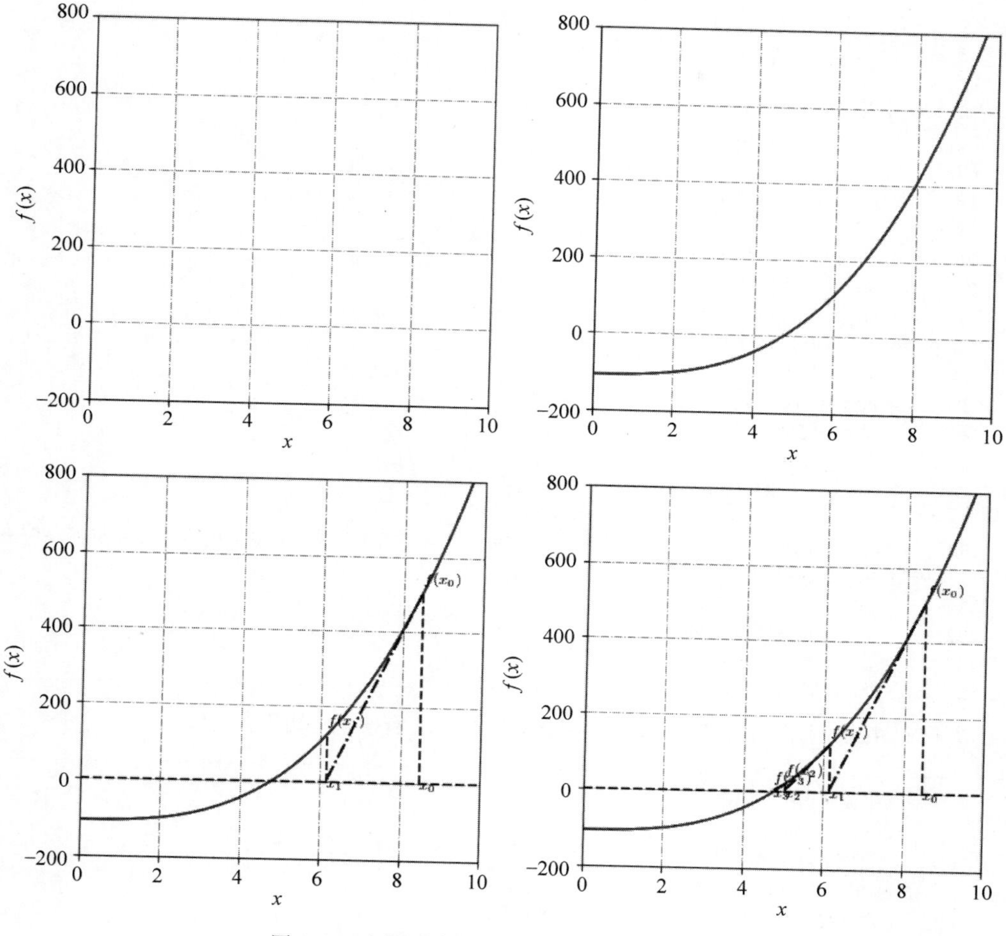

图 1.5　牛顿法求解过程($f(x)=x^3-108$)

其代码实现如下所示(新建一个 NewtonAlg. py 文件，在终端运行 python NewtonAlg. py 命令)：

```
# 原函数
def f(x):
    '''
    $ f(x) = x^{3} - 108 $
    '''
    return np.power(x, 3) - 108

# 导数
def f_der(x):
    '''
```

```
    $ f^{'}(x) = 3x^{2} $
    '''
    return 3 * np.power(x, 2)

# 牛顿法
def newton_method(x):
    '''
    迭代式: $ x_{n+1} = \frac{f(x_{n})}{f^{'}(x_{x})} $
    '''
    return x - f(x) / f_der(x)
if __name__ == "__main__":
    import numpy as np
    # 初值，允许误差
    x0 = 8.9
    eps = 1e-3
    # 迭代数
    iter_n = 0
    while f(x0) > eps:
        iter_value = newton_method(x0)
        print('迭代步数:{0},x={1:.4f},f(x)={2:.4f}'.format(iter_n,iter_value,
f(iter_value)))
        # 更新
        x0 = iter_value
        iter_n += 1
```

该代码中使用了 NumPy 模块，导入模块的方法有多种，如下所示。

```
# 建议使用
import numpy as np
#不建议使用
from numpy import *
# 若仅使用模块中指定的若干(少数)函数
from numpy import sin, cos
```

输出结果：

```
迭代步数: 0, x = 6.3878, f(x) = 152.6503
迭代步数: 1, x = 5.1408, f(x) = 27.8608
迭代步数: 2, x = 4.7894, f(x) = 1.8611
迭代步数: 3, x = 4.7624, f(x) = 0.0105
迭代步数: 4, x = 4.7622, f(x) = 0.0000
```

将结果 $x=4.7622$ 代入函数 $f(x)=x^3-108$，得 $f(4.7622)=-0.0002147$，约等于 0。

4. 斐波那契数列

斐波那契数列又称为黄金分割数列[①]。斐波那契数列与一个关于兔子生长的有趣故

① https://zh.wikipedia.org/wiki/。

事有关，感兴趣的读者可以阅读由浙江大学蔡天新教授主编的《数学与人类文明》，其递归表达式为：

$$\begin{cases} F_1 = 1 \\ F_2 = 1 \\ F_n = F_{n-1} + F_{n-2} \end{cases} \quad n \geqslant 3 \tag{1.8}$$

根据式(1.8)，这里给出 3 种 Python 代码。

```
#斐波那契数列
#方法 1
def fib1(n):
    a,b = 1,0
    for _ in range(0, n):
        a,b = b,a + b
        yield b

#方法 2
def fib2(n):
    if n < 0:
        return 0
    if n in [0, 1]:
        return 1
    return fib2(n - 2) + fib2(n - 1)

def fib2_recursion(n):
    return [fib2(i) for i in range(0, n)]

# 方法 3
def fib3_loop(n):
    result_list = []
    a, b = 0, 1
    while n > 0:
        result_list.append(b)
        a, b = b, a + b
        n -= 1
return result_list
```

以上给出了 3 种方法，方法 1 采用了生成器(generator)中的 yield 命令，其代码看上去简洁易懂，方法 2 更符合式(1.8)的一般推导过程，方法 3 则采用 Python 中的另一个条件判断 while。通过以上 3 种方法不难发现，Python 代码的简洁性很符合那些追求至简之人的需求。

1.3 Notebook 开发环境

为了后面的学习和研究内容，以后的编程实现过程主要以 Notebook 为主，因此这里简要阐述 Notebook 的安装。

1.3.1 搭建 Jupyter

Python 的 Notebook(现为 Jupyter)框架是一个非常棒的数值实验平台,因此本书很多内容都是通过 Notebook 来完成的。下面介绍在 Mac OS 系统和 CentOS 系统的服务器后端搭建 Notebook 环境,其核心步骤如下所示。

```
#终端下安装 Notebook 模块
pip3 install notebook
#终端下创建 Notebook 配置文件
jupyter notebook --generate-config
#在路径 /root/.jupyter/jupyter_notebook_config.py 会看到配置文件 CentOS7
#通过 IPython 命令,创建 Notebook 的密码
from notebook.auth import passwd
passwd()
#修改配置内容 jupyter_notebook_config 文件
vi /root/.jupyter/jupyter_notebook_config.py
#找到下面的行,取消注释并修改
c.NotebookApp.notebook_dir = #制定工作路径
c.NotebookApp.ip = '*'
c.NotebookApp.password = u'sha1:a5...刚才复制的那个密文' #创建的密码
c.NotebookApp.open_browser = True
c.NotebookApp.port = 8888 #可自行指定一个端口,访问时使用该端口,默认端口为 8888

#终端下输入一下命令,服务器在后台启动
nohup jupyter notebook --allow-root&
#在浏览器中输入 ip:端口,默认状态下为 127.0.0.1:8888 或 localhost:8888,即
#可打开 Notebook
```

实现过程如图 1.6 所示。

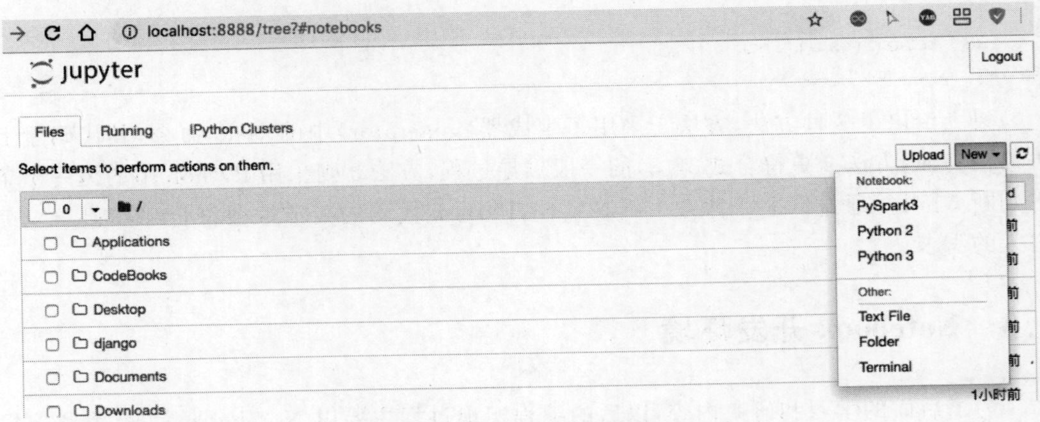

图 1.6 Notebook 实现过程

通过右上角的New新建一个ipynb格式的Python3环境，并进行代码实现，如图1.7所示。除此之外，Jupyter还支持文本文档的创建、文件夹的创建以及终端的操作。

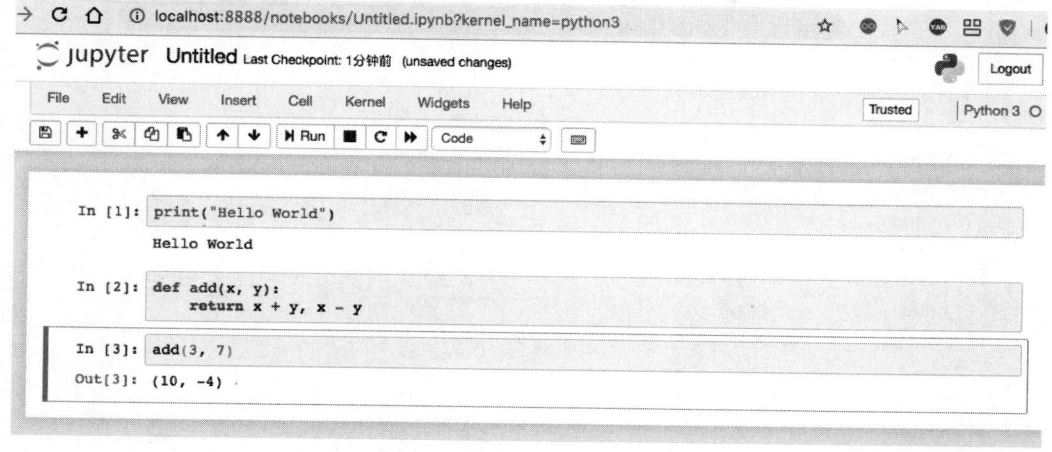

图1.7 实现Python3编程环境

另外，Jupyter中有很多的魔术命令均以%开头，读者可以检索相关的说明文档进行学习。Jupyter是集多种框架于一体的笔记，除了Python代码，还有Markdown、Raw NBConvert以及Heading。

注意：运行每一个单元格时可通过Shift+Enter快捷键来完成。

1.3.2 搭建Jupyterlab

目前出现了一个功能更加强大的模块Jupyterlab，可以检索相关的内容并安装。它的安装与Jupyter非常相似[①]，其实现结果如图1.8所示[②]。

Jupyterlab作为Jupyter Notebook的升级版，其安装方式是非常简单的，其代码如下所示。

```
#终端下用pip来进行安装
pip install jupyterlab
jupyter serverextension enable --py jupyterlab --sys-prefix
#若存在问题,则可以通过以下方式来调整
#安装相关配置,可选
jupyter labextension install @jupyterlab/hub-extension
#编辑"jupyterhub_config.py"并添加以下内容
c.Spawner.default_url = '/lab'
```

再者，根据工作或学习需求，可选择安装一些强大的插件来丰富Jupyter，比如功能非常强大的nbextensions插件。

---

① https://github.com/jupyterlab/jupyterlab。

② https://jupyterlab.readthedocs.io/en/stable/。

图 1.8 Jupyterlab 界面

Jupyterlab 在终端中的启动方式如下所示。

```
#终端下启动
jupyter-lab
```

在 Jupyter 或 Jupyterlab 中可以做一系列交互式的操作。

```
# 导入包
from ipywidgets import interact
# 定义函数 f(x) = x
def f(x):
    print(x)
interact(f, x=3)              # 默认从 x=3 开始
```

另外,若要实现分组管理建议可以搭建 Jupyterhub 框架,关于 Jupyterhub 的内容可通过检索官方网站进行学习。

1.4 本章小结

本章主要对 Python3 语言进行简单阐述，对常见的数据类型（布尔类型、字符串、整数和浮点数）进行了介绍，对 Python3 的主要数据结构——列表（list）、元组（tuple）、集合（set）和字典（dict）进行了详细说明，并且结合几个实例来介绍，以便读者了解 Python3 语言的优势。若在日常工作中经常需要做大量的实验和研究内容，提倡安装 Jupyter Notebook 模块。

第 2 章

视频讲解

科学计算库

本章主要介绍在数据科学和科学计算中常用的一些模块：NumPy、SciPy、SymPy、pandas 以及 Matplotlib。

2.1 NumPy

在数据科学中经常需要处理高维度的数据，而 Python 内建的 list(tuple)、set、dict 等计算能力不容易扩展到多维数组中，尽管可以自定义各种方法来实现，但需要花费大量的时间和精力，并且无法保证其性能，NumPy 模块针对多维数组的运算可以很好地解决这一问题。下面简要阐述 NumPy 模块的一些常见应用。

2.1.1 构建数组

列表(元组)转换成数组是非常简单的。假设现在已默认导入 NumPy 模块(命令为 import numpy as np)且在 Notebook(Jupyter)环境下编程(下同，除非特殊声明)。

```
#长度为 3 的列表
a = [1,2,3]
b = [2,4,6]
# list2array 列表转换为数组
a_arr = np.array(a)
b_arr = np.array(b)
a_arr, type(a_arr), a_arr.shape                #数组,数据类型,一维数组
(array([1, 2, 3]), numpy.ndarray, (3,))        #输出结果
a_arr[0] == a[0]                               #True
```

列表到数组的转换是非常简单的，一维数组中切片方式与列表一致。数组转换成列表的命令：a_arr.tolist()。以一个二维数组为例，其代码如下所示。

```
#合并，以行的形式添加
c_arr = np.stack([a_arr, b_arr])
c_arr                          #输出结果 ↓
array([[1, 2, 3],
       [2, 4, 6]])
c_arr.shape                    #维度输出 (2, 3)
c_arr.size                     #元素数量输出 6
c_arr.dtype                    #数值类型输出 dtype('int64')
a_list = a_arr.tolist()
```

将数组 a_arr 和 b_arr 按列合并成一个 2×3 的数组，可见 NumPy 是非常便捷的，仅需要一行命令即可。除此之外，也可以先将列表进行合并再转换成数组。

```
tmp_list = []
tmp_list.append(a)             #读者可对比 tmp_list.extend 命令
tmp_list.append(b)
np.array(tmp_list)
```

对多数组做微操作时，必然避免不了切片方法。关于二维数组的常见切片方法如下所示。

```
c_arr[0]                       #先第 1 行输出：array([1, 2, 3])
c_arr[0][1]                    #第 1 行，第 2 列  输出:2
c_arr[0, 1]                    #第 1 行，第 2 列  输出:2
c_arr[:]                       #全遍历输出 ↓
array([[1, 2, 3],
       [2, 4, 6]])
c_arr[:, 1]                    #第 2 列所有行  输出 ↓
array([2, 4])
c_arr[:, [0, 2]]               #第 0, 2 列所有行  输出 ↓
array([[1, 3],
       [2, 6]])
c_arr[:, ::2]                  #所有行列间隔为 1  输出 ↓
array([[10, 3],
       [2, 6]])
```

学过 MATLAB 语言的读者不难发现，array 的切片方式与 MATLAB 非常相似。下面先按行合并两个数组。

```
d_arr = np.hstack([a_arr, b_arr])  #np.hstack??查看输出 ↓
array([1, 2, 3, 2, 4, 6])
c_arr.flatten()                    #展平与上面结果一致 ↑
c_arr.reshape(1, -1)               #重置维度 1:重置为 1 行, -1:剩余元素按列排
```

```
c_arr.reshape(1, 6)                    # 重置维度 1:重置为 1 行, 6: 1 * 6 = 6
c_arr.shape = (1, -1)                  # 同 c_arr.reshape(1, -1)
c_arr.shape = (2, 3)                   # 复原
```

数组在重置维度时均是通过行的形式来进行的，若要通过列的方式进行重置，仅修改一个参数即可。

```
c_arr.reshape(1, -1, order='F')        # 默认:C  输出↓
array([[1, 2, 2, 4, 3, 6]])
```

数组 c_arr 的元素是整数型，现在将其转换成其他格式。

```
c_arr.astype(float)                    # int64 → float  输出↓
array([[1., 2., 3.],
       [2., 4., 6.]])
c_arr.astype(np.complex)               # int64 →复数  输出↓
array([[1. + 0.j, 2. + 0.j, 3. + 0.j],
       [2. + 0.j, 4. + 0.j, 6. + 0.j]])
c_arr.astype(np.uint8)                 # int64 → uint8  输出↓
array([[1, 2, 3],
       [2, 4, 6]], dtype=uint8)
```

通过以上代码不难发现数组元素类型的改变是非常方便的，在一些精确计算过程中，元素类型的要求是非常严格的。下面再介绍关于元素的操作。

```
 # c_arr, int 格式
c_arr[0, 0] = 10                       # 第 1 行第 1 列元素更新为 10
c_arr[0, 0] = 10.0                     # 浮点数代替整数,更新
 # 若要存储字符串, 先修改存储类型
c_arr_str = c_arr.astype(str)
c_arr_str[0, 1] = '[1, 2, 3]'
c_arr_str[0, 2] = "{0: 1, 2: {1: '1', 2: [1,2]}}"
c_arr_str # 输出↓
array([['10', '[1, 2, 3]', "{0: 1, 2: {1: '1', 2:"],
       ['2', '4', '6']], dtype='<U21')
```

在存储字符串时不难发现内容为字典的字符串并没有存储完整(丢掉了一部分)，也就是说尽管改变了原有数组的元素类型，但其存储大小并没有改变(这点需要注意)，相关的细节可以学习数值计算中关于计算机存储字节的方式。

学习数值计算过程中经常需要构建网格，MATLAB 中有 meshgrid 命令，NumPy 模块中存在类似的名称。

```
x_axis, y_axis = np.mgrid[0:6, 0:4]              #网格剖分
x_axis                                           #x 轴  输出↓
array([[0, 0, 0, 0],
       [1, 1, 1, 1],
       [2, 2, 2, 2],
       [3, 3, 3, 3],
       [4, 4, 4, 4],
       [5, 5, 5, 5]])
y_axis                                           #y 轴  输出↓
array([[0, 1, 2, 3],
       [0, 1, 2, 3],
       [0, 1, 2, 3],
       [0, 1, 2, 3],
       [0, 1, 2, 3],
       [0, 1, 2, 3]])
```

2.1.2 数组运算

数据类型转换成数组后在计算上存在诸多优势，下面给出几个实例来练习和思考NumPy的便捷之处和强大功能。

```
c_arr                                  #给定一数组  输出↓
array([[10, 2, 3],
       [ 2, 4, 6]])
##计算均值
c_arr.mean(axis = 1)                   #行求均值  输出↓
array([5., 4.])
c_arr.mean(axis = 0)                   #列求均值  输出↓
array([6., 3., 4.5])
#以上方式也可通过以下代码实现
np.mean(c_arr, axis = 1)
np.mean(c_arr, axis = 0)
##四则运算
#np.add(c_arr, 4)
c_arr + 4                              #加法,所有元素均 + 4  输出↓
array([[14, 6, 7],
       [ 6, 8, 10]])
c_arr + np.array([1, 2, 3])            #行维度要一致  输出↓
array([[11, 4, 6],
       [ 3, 6, 9]])
c_arr + np.array([[1], [3]])           #列维度要一致  输出↓
array([[11, 3, 4],
       [ 5, 7, 9]])
#np.subtract(4, c_arr)
4 - c_arr                              #减法(数组同加法)  输出↓
array([[ -6, 2, 1],
```

```
        [ 2, 0, -2]])
#np.multiply(c_arr, 3)
c_arr * 3                          #乘法  输出↓
array([[30, 6, 9],
        [ 6, 12, 18]])
c_arr * np.array([1, 2, 3])        #列维度一致,列对应元素相乘  输出↓
array([[10, 4, 9],
        [ 2, 8, 18]])
c_arr / np.array([1, 2, 0])        #除法,分母出现0(抛出一个警告)  输出↓
array([[10., 1., inf],
        [ 2., 2., inf]])
```

除了以上运算,还有其他的很多操作方式,这里不再一一介绍。接下来再简要介绍关于矩阵(matrix)的运算。

```
#构建一个与c_arr同维度、元素全部为1的数组
e_arr = np.ones(c_arr.shape) #方法1: 2行3列, 元素为浮点型
e_arr = np.ones_like(c_arr)  #方法2:2行3列. 元素为整数型_like表示创建的结构,
                             #和元素类型一致
c_arr * e_arr                #对应元素相乘,非矩阵乘法,等同于MATLAB中的.*(点乘)
np.dot(e_arr, c_arr.T)       #矩阵乘法, c_arr先转置, 再相乘  输出↓
array([[15, 12],
        [15, 12]])
e_arr.dot(c_arr.T)           #结果同上
#构建一个方阵
squr_arr = np.dot(c_arr.T, c_arr)
np.linalg.det(squr_arr)      #行列式计算(numpy.linalg中封装了大量的数值计算
                             #方法)  输出↓
-6.9064753915882005e-12      #存在为0的特征值
eig, eig_vec = np.linalg.eig(squr_arr)              #特征值及对应特征向量
eig                                                 #特征值  输出↓
array([1.38613307e+02, 3.03866929e+01, 9.85345487e-16])
eig_vec                                             #特征向量  输出↓
array([[-8.24728739e-01, -5.65528520e-01, 9.44691197e-17],
        [-3.13698781e-01, 4.57477193e-01, -8.32050294e-01],
        [-4.70548172e-01, 6.86215790e-01, 5.54700196e-01]])
#验证 Ax = \lambda x
np.dot(squr_arr, eig_vec[:, 0]) - eig[0] * eig_vec[:, 0]     #输出↓
array([ 4.26325641e-14, -1.42108547e-14, -1.42108547e-14])
#构建一个3×3的随机矩阵
rand_arr = np.random.random((3, 3))
np.dot(np.linalg.inv(rand_arr), rand_arr)           #求逆并验证AA^{-1} = I
```

不难发现NumPy可以容易地实现矩阵运算,并且其代码实现也非常简洁、易读。接下来介绍数组转换为矩阵,以及矩阵的乘法运算,其实例如下所示。

```
rand_mat = np.mat(rand_arr)          #array2mat
rand_mat.I * rand_mat                #A^{-1}A = I  输出↓
matrix([[ 1.00000000e+00, -9.26194972e-17, -1.18232621e-16],
        [ 2.17840611e-16, 1.00000000e+00, 3.47354383e-17],
        [-6.99603558e-17, 6.70862661e-17, 1.00000000e+00]])
```

前面阐述过如何快速查看函数命令，下面通过 help(np.mat)或 np.mat?? 命令来学习关于 mat 的其他内容。上面的数值内容均是二维数组，下面介绍三维数组。

```
#构建一个 3×4×2 的数组
rand_arr3 = np.random.random((3, 4, 2))          #输出↓
array([[[0.01471129, 0.61130376],
        [0.83704061, 0.14871939],
        [0.32292371, 0.42697592],
        [0.9713402, 0.28319579]],
       [[0.94206582, 0.65722212],
        [0.17656472, 0.38600828],
        [0.48624945, 0.76147437],
        [0.19256746, 0.48287266]],
       [[0.62316401, 0.0028485 ],
        [0.13213691, 0.09250575],
        [0.65480741, 0.28373738],
        [0.96767313, 0.02068694]]])
```

通过结果不难发现这是一个含有 3 层 4×2 的数组，每层的数据维度是一致的，并且是有序的。高维数组同样可以进行重置数组。

```
rand_arr3.shape = (4, 2, -1)        #方法 1: (3×4×2) // (4 × 2) 必须整除
rand_arr3.shape = (4, 2, 3)         #方法 2: 3×4×2 == 4×2×3  输出↓
array([[[0.01471129, 0.61130376, 0.83704061],
        [0.14871939, 0.32292371, 0.42697592]],
       [[0.9713402, 0.28319579, 0.94206582],
        [0.65722212, 0.17656472, 0.38600828]],
       [[0.48624945, 0.76147437, 0.19256746],
        [0.48287266, 0.62316401, 0.0028485 ]],
       [[0.13213691, 0.09250575, 0.65480741],
        [0.28373738, 0.96767313, 0.02068694]]])
```

高维数组同样满足矩阵运算，与二维数组没有本质的差异，需要注意：高维数组无法转换成 mat 格式，因此 array 相比于 mat 更强大，在后面的数据处理和计算过程中也以

array 类型为主。

2.1.3 函数运算

数组的运算是非常繁多的,这里介绍常见的 NumPy 模块的函数运算。NumPy 模块封装了很多数学公式,比如三角函数,下面计算三角函数 sin 和 cos 在区间[0,2π]内 20 等分的值。

```
x = np.linspace(0, 2 * np.pi, 20)             #20 个数值,闭区间[0,2pi]
y_sin = np.sin(x)                             #sin(x)作用于数组 x 中每个元素
y_cos = np.cos(x)                             #cos(x)
np.corrcoef(y_sin, y_cos)                     #相关系数矩阵  输出↓
array([[1.00000000e+00, 9.91745869e-17],
       [9.91745869e-17, 1.00000000e+00]])
```

函数 sin 和 cos 之间的相关性为 0,可以通过图形来观察,其结果如图 2.1 所示。

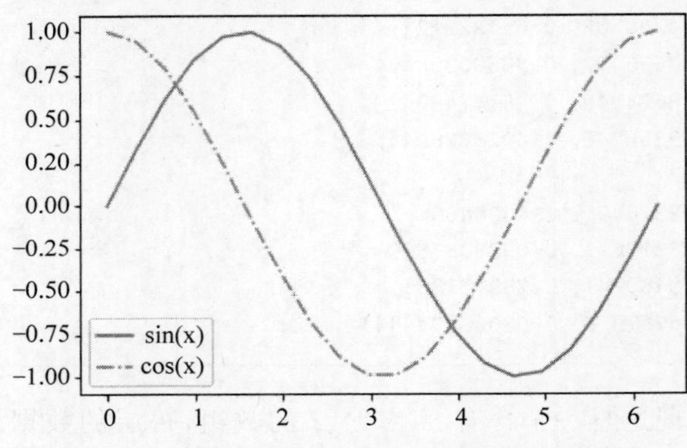

图 2.1　函数 sin 和 cos 在区间 [0,2π]的图像

图 2.1 的实现代码如下所示。

```
import matplotlib.pyplot as plt
#Jupyter Notebook 环境
%matplotlib inline
plt.plot(x, y_sin, x, y_cos, '-.')
plt.legend(['$sin(x)$', '$cos(x)$'])
```

除了 NumPy 模块,math 模块也支持函数运算,但是两者的性能有所差异,这里通过一些简单的函数运算对其进行比较。

```
import math
import time
num = 100000
start = time.clock()
x = [i for i in range(num)]
```

```
#数组计算
for ix, value in enumerate(x):
    x[ix] = math.sin(value)
print(time.clock() - start)
0.0601610000000008
start = time.clock()
np.sin(x)
print(time.clock() - start)
0.008772999999997921
#单个值计算
start = time.clock()
[math.sin(i) for i in range(num)]
print(time.clock() - start)
0.036482999999996935
start = time.clock()
[np.sin(i) for i in range(num)]
print(time.clock() - start)
0.20455400000000168
```

不难发现在数组运算中 NumPy 模块要明显好于 math 模块(本例约为 6.9 倍),其根源在于 NumPy 是基于 C 语言开发的;在单个值运算中,math 模块要好于 NumPy 模块(本例约为 5.6 倍)。因此若要考虑性能问题需要根据具体情况选用合适的模块。

2.1.4 文件存取

有时需要对数据进行存储和提取,NumPy 模块也提供相应的功能,数据格式有 txt(csv)、npy、png、jpg 或者指定的格式。

```
#存储 npy 格式,支持高维数组存储
np.save('rand_arr3.npy',rand_arr3)
#读取数据
rand_arr3 = np.load('rand_arr3.npy')
#通过命令: np.savetxt?? 查看函数的用法
#存储高维度时需将其转换成二维或一维数组,读取时再将其还原
np.savetxt('random_data_4x2x3.txt', rand_arr3.reshape(2, -1))
#读取
rand_arr3 = np.loadtxt('random_data_4x2x3.txt').reshape(4,2,3)   #读取数据
```

数据的存储和读取是非常方便的,Python 也有内建的方式来读取数据。前面阐述过 array 相比于 mat 更强大,但是 mat 也有较好的功能,比如给定一个字符串的列表,mat 可以直接转换成矩阵格式。

```
np.mat("[[1,2,3],[2,3,4]]")              #输出↓
matrix([[1, 2, 3, 2, 3, 4]])
np.array("[[1,2,3],[2,3,4]]")            #输出↓
array('[[1,2,3],[2,3,4]]', dtype='<U17')
```

存在即合理,合理即价值。因此需要根据不同的问题和目的灵活地运用 Python 的模块,将其功能发挥到最大。

关于 NumPy 的模块暂时就介绍到这里,关于 NumPy 更多内容的学习可以查阅 NumPy 官方文档。

2.2 SymPy

SymPy 是 Python 的数据符号运算库,现在在功能上依然逊于 Maple① 和 Mathematica 软件②,但是 SymPy 是开源并一直处于更新状态,相信会越来越完善。在 Jupyter Notebook 环境中进行简单的实例演示(建议读者在 Jupyter 环境下操作 SymPy 模块)。

```
#导入 SymPy 包, 命名为 sp
import sympy as sp
sp.init_printing()          #初始化打印输出,对性能有一定的影响
#声明变量
x = sp.Symbol('x')
#计算 x^2 的原函数
sp.integrate(x**2, x)
#x 的不定积分形式
sp.Integral(x, x)
```

以上代码的执行结果如图 2.2 所示。

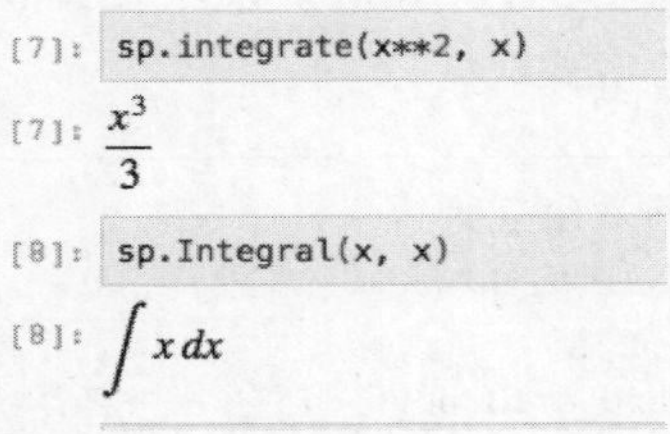

```
[7]: sp.integrate(x**2, x)
```

[7]: $\frac{x^3}{3}$

```
[8]: sp.Integral(x, x)
```

[8]: $\int x\,dx$

图 2.2 x^2 的原函数和 x 的不定积分形式

可以看出其输出格式非常的漂亮。由于显示方式对操作系统的硬件性能有一定的影响,因此下面不再进行标准输出。这里不妨再实现 e^x 的泰勒(多项式)展式。

```
sp.series(sp.exp(x), x, 0, 10)              #非常的简单   输出↓
1 + x + x**2/2 + x**3/6 + x**4/24 + x**5/120 + x**6/720 + x**7/5040
                + x**8/40320 + x**9/362880 + O(x**10)
```

定义一个简单的函数 g,其表达式如下所示。

$$g(x)=(\pi+2x)^3 \tag{2.1}$$

---

① https://www.maplesoft.com/。

② http://www.wolfram.com/mathematica/。

这里对比下性能，SymPy 代码如下所示。

```
g = sp.lambdify(x, (2 * x + sp.pi) ** 3, 'numpy')
g(np.array([1,2,3]))                                  #计算数组　输出↓
array([135.92301493, 364.23797687, 763.95116249])
#比较下性能问题
%timeit g(np.array([1,2,3]))                          #输出↓
8.41 µs ± 567 ns per loop (mean ± std. dev. of 7 runs, 100000 loops each)
g1 = lambda x: (np.pi + 2 * x) ** 3                   #定义函数
%timeit g1(np.array([1,2,3]))                         #输出↓比字符运算慢十多倍
9.95 µs ± 4.01 µs per loop (mean ± std. dev. of 7 runs, 10000 loops each)
%timeit (2 * np.array([1,2,3]) + np.pi) ** 3          #输出↓(最快)
7.12 µs ± 340 ns per loop (mean ± std. dev. of 7 runs, 100000 loops each)
```

除了以上方法，这里再简单介绍其他的一些实现过程。

```
sp.expand((x + 1) ** 2)                               #展开　输出↓
x ** 2 + 2 * x + 1
sp.factor(x ** 2 + 2 * x + 1)                         #合并　输出↓
(x + 1) ** 2
sp.simplify(sp.sin(x) ** 2 + sp.cos(x) ** 2)          #化简　输出↓
1
sp.simplify(sp.sin(x)/sp.cos(x))                      #输出↓
tan(x)
y,z = sp.symbols("y,z")                               #声明多个变量
g = sp.sin(x)
sp.diff(g)                                            #对 x 求 1 次导
cos(x)
```

定义一个略微复杂的三元非线性函数。

$$h(x,y,z)=\sin(xy)+\cos(yz)-xyz+\mathrm{e}^{xy} \tag{2.2}$$

式(2.2)对未知数 x 的一次偏导和 y 的三次偏导，其形式如下所示。

$$\frac{\partial^{3} h}{\partial x \partial y^{2}} \tag{2.3}$$

其代码实现如下所示。

```
h = sp.sin(x * y) + sp.cos(y * z) - x * y * z + sp.exp(x * y)
sp.diff(h, x, 1, y, 3)                    #求导　输出↓
x ** 2 * (x * y * exp(x * y) + x * y * sin(x * y) + 3 * exp(x * y) - 3 * cos(x * y))
```

最后再列举求解简单方程的实例。

```
#x^2 - 1 = 0
sp.solve(x ** 2 - 1, x)                   #输出↓
[-1, 1]
```

读者可以通过网络检索 SymPy 学习相关的内容[1]。关于符号计算的内容不再进行阐述。

2.3 SciPy

SciPy 模块基于 NumPy 添加了常见的很多函数,涉及领域众多,比如科学、数学以及工程计算等。SciPy 封装了很多与 MATLAB 相媲美的库函数,如常微分方程数值求解、信号处理、图像处理、线性代数、数理统计、最优问题以及稀疏矩阵等。这里简单阐述几个实例,读者若感兴趣可通过其官方网站进行深入了解[2]。

2.3.1 非线性方程组

手动解决非线性方程组的求解问题是一个比较考验人的工作,将求解过程进行编程让计算机来完成是一个非常好的方式。SciPy 模块恰好就提供了其求解方法,这里不再探究其求解原理(求解方法有多种),仅阐述其求解的编程实现。首先给出一个含有 3 个未知参数的非线性方程组的一般形式。

$$\begin{cases} f_1(x_1, x_2, x_3) = 0 \\ f_2(x_1, x_2, x_3) = 0 \\ f_3(x_1, x_2, x_3) = 0 \end{cases}$$

先将公式定义在一个函数中,其代码形式如下所示。

```
def function(x):
    if len(x) != 3:
        raise "参数数量必须为 3"
    x1, x2, x3 = x
    return [f1(x1, x2, x3), f2(x1, x2, x3), f3(x1, x2, x3)]
```

这里给出一个实例,其非线性方程组如下所示。

$$\begin{cases} 3x_1 - \cos(x_2 x_3) - \dfrac{1}{2} = 0 \\ x_1^2 - 81(x_2 + 0.1)^2 + \sin(x_3) + 1.06 = 0 \\ \mathrm{e}^{-x_1 x_2} + 20x_3 + \dfrac{(10\pi - 3)}{3} = 0 \end{cases} \tag{2.4}$$

通过 SciPy 模块来求解式(2.4),代码如下所示。

```
import numpy as np
from scipy.optimize import fsolve
#定义实例函数
```

① https://www.sympy.org/en/index.html。

② https://www.scipy.org/。

```
def f(x):
    '''
    方程组如下所示
    3x_{1} - cos(x_{2}x_{3}) - \frac{1}{2} = 0 \\
    x_{1}^{2} - 81(x_{2} + 0.1)^{2} + sin(x_{3}) + 1.06 = 0 \\
    e^{(-x_{1}x_{2})} + 20x_{3} + \frac{(10\pi - 3)}{3} = 0
    :param x: 初始值参数
    :return: x1, x2, x3 参数值
    '''
    x1, x2, x3 = x
    f1 = 3 * x1 - np.cos(x2 * x3) - 0.5
    f2 = x1 ** 2 - 81 * (x2 + 0.1) ** 2 + np.sin(x3) + 1.06
    f3 = np.exp(-1 * x1 * x2) + 20 * x3 + (10 * np.pi - 3) / 3
    return [f1, f2, f3]
#求解，初值全部为 1.0
args_value = fsolve(f, [1., 1., 1.])
args_value          #[x1, x2, x3] 输出↓
array([ 5.00000000e-01, -3.70281690e-11, -5.23598776e-01])
#验证
f(args_value)       #输出↓
[2.5435653583372186e-11, 5.991287466144968e-10, -1.9409363005706837e-10]
```

读者可通过 fsolve?? 命令来查看其具体用法以及相应的参数设定。一个复杂的非线性方程组可以如此轻松地求解，归功于研究理论的数学家们，他们找到求解一个问题的通解方式(通常有多种方法)或高效的数值方法，才能保证在日常工作中可以短时间内完成不可能完成的任务。

2.3.2 最小二乘

(非)线性的最小二乘问题是从事数据科学的人经常遇到的问题，因此有必要阐述其实现过程。不妨以某市 2013—2019 年的 GDP(该市全年地区生产总值，下同)数据进行最小二乘拟合，通过最小二乘拟合可构建一个拟合函数，并预测 2020 年该市的 GDP，其数据如表 2.1 所示。

表 2.1 2013—2019 年的该市 GDP

年	2013	2014	2015	2016	2017	2018	2019
GDP/亿元	7834	8399	9206	10050	11314	12603	13509

通过 Matplotlib 模块对表 2.1 中的数据先绘制一个折线图，如图 2.3 所示。

根据曲线走势，不妨定义 3 个函数来拟合图 2.3 中的数据，其公式如下所示。

$$f(x) = ax + b \tag{2.5}$$

式(2.5)是一个线性函数。

$$f(x) = ax^2 + bx + c \tag{2.6}$$

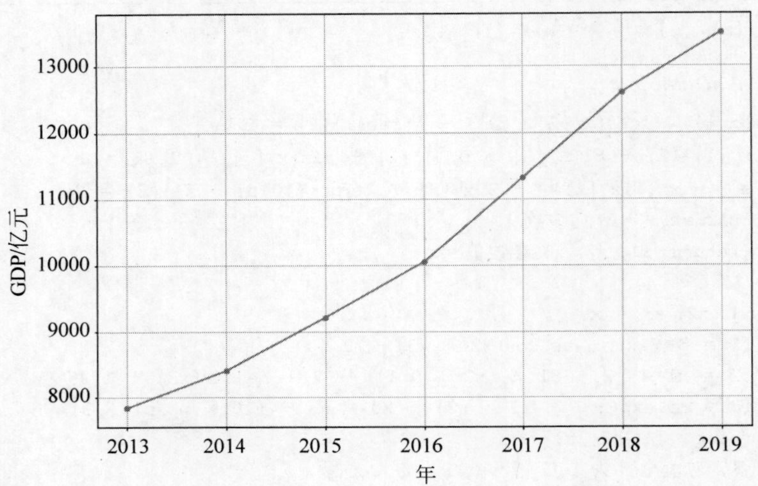

图 2.3　2013—2019 年某市 GDP 折线图

式(2.6)是一个多项式函数。

$$f(x)=a\mathrm{e}^{-bx}+c \tag{2.7}$$

式(2.7)是一个非线性函数。

下面通过 Python 代码实现以上函数。

```
#最小二乘拟合命令
from scipy.optimize import leastsq
year_arr = np.array([2013, 2014, 2015, 2016, 2017, 2018, 2019])
gdp_arr = np.array([7834, 8399, 9206, 10050, 11314, 12603, 13509])
#函数 1
def prob1(x, args):
    '''
    线性拟合: a * x + b
    :param x: 自变量值
    :return: ax + b 的值
    '''
    a, b = args
    return a * x + b

#函数 2
def prob2(x, args):
    '''
    非线性拟合(多项式): a * x^2 + b * x + c
    :param x: 自变量值
    :return: a * x^2 + b * x + c
    '''
    a, b, c = args
    return a * x ** 2 + b * x + c

```

```
# 函数 3
def prob3(x, args):
    '''
    非线性函数: a * exp( - b * x) + c
    :param x: 自变量值
    :return: a * exp( - b * x) + c
    '''
    a, b, c = args
    return a * np.exp( - b * x) + c

# 误差
def error(args, x, y, method = 1):
    '''
    真实值与测试值间的差
    :param x: 自变量值
    :param y: 因变量值
    :param args: 待确定参数
    :param method: 拟合函数, 默认取 1
    :return: 拟合值与测试值之间的差值
    '''
    method_dict = {
        1: prob1,
        2: prob2,
        3: prob3
    }
    return y - method_dict[method](x, args)
# 为了方便,通过循环实现 3 个函数的拟合系数
result_coeff = {}
for i in range(1, 4):
    # 初值设定
    orginal_list = [1., 1., 1.]
    if i == 1:
        orginal_list = orginal_list[:2]
    # 系数结果
    result_list = leastsq(error, orginal_list, args = (year_arr, gdp_arr, i))
    result_coeff[i] = result_list[0]
result_coeff                # 输出 ↓
{1: array([ 9.83607352e + 02, - 1.97155239e + 06]),
 2: array([ 5.89886005e + 01, - 2.36740453e + 05, 2.37535202e + 08]),
 3: array([1.00000000e + 00, 1.00000000e + 00, 1.04164286e + 04])}
```

通过以上代码即可求解出拟合函数的系数，将 3 个拟合函数的拟合值(结果值)代入原数据，与原图像进行对比如图 2.4 所示。

式(2.5)和式(2.6)的效果较好(至于是否合理，暂不讨论)，式(2.7)效果明显不好。通过两个效果较好的函数对 2020 年的值进行预测(仅供参考)。

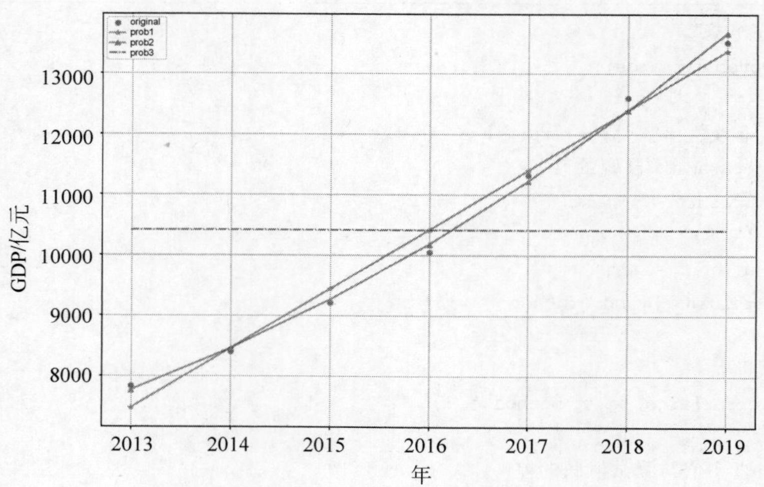

图 2.4　3 个拟合函数的拟合效果图

```
prob1(2019, result_coeff[1])            #输出↓
14350.857978867367
prob2(2019, result_coeff[2])            #输出↓
15058.720553785563
```

两种方法的预测结果显示,该市全年地区生产总值在 2020 年分别为 14350.86 亿元和 15058.72 亿元。

2.3.3　插值

插值问题在工程和科学等领域有非常重要的应用,这里针对余弦波($y=\cos(x)$)上的点做分段线性和 B-Spline 插值实例。线性插值和 B-Spline 插值如图 2.5 所示。

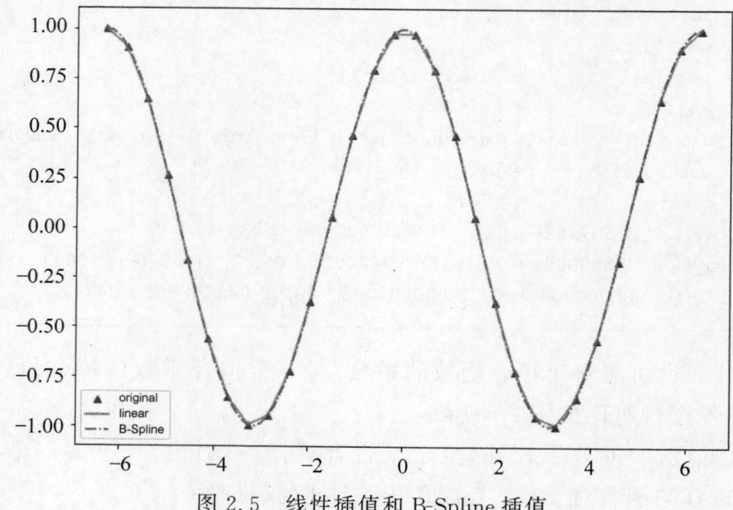

图 2.5　线性插值和 B-Spline 插值

通过图 2.5 不难发现，B-Spline 插值要明显好于线性插值。其代码如下所示。

```
#导入模块并命名为 inter
from scipy import interpolate as inter
x = np.linspace(-2 * np.pi, 2 * np.pi, 30)                #x 值
y = np.cos(x)                                             #余弦精确值
x_sub = np.linspace(-2 * np.pi, 2 * np.pi,100)            #100 等分区间
y_linear = inter.interp1d(x, y)                           #线性插值器
#B-Spline 插值
sp_device = inter.splrep(x, y)
y_bspline = inter.splev(x_sub, sp_device)
plt.figure(figsize=(10, 7))
plt.plot(x, y, '^')
plt.plot(x_sub, y_linear(x_sub))
plt.plot(x_sub, y_bspline, '-.')
plt.legend(['original', 'linear', 'B-Spline'])
plt.show()
```

关于 SciPy 模块的内容只介绍以上 3 种，读者若感兴趣可查阅相关的文献或通过官方网站进行学习。

2.4 pandas

模块 pandas 在数据预处理方面功能非常强大，可以检索官方网站的 pandas 文档(2000 多页)。pandas 可以轻松地处理千万级别的数据，另外，本书中有很多内容是通过 pandas 来实现的，这也是介绍它的原因之一。这里只简单介绍一些基本的 pandas 操作，读者可以通过网站下载 PDF 文档进行学习[①]。

2.4.1 Series

基于 NumPy 模块的随机函数生成一个一维数组，其代码如下。

```
#导入模块
import numpy as np
import pandas as pd
#5 行 3 列
data_arr = np.random.random((5, 3))
data_arr                                          #输出↓
array([[0.50409605, 0.89695929, 0.31840686],
       [0.38049786, 0.06732558, 0.56554868],
       [0.94385118, 0.10905377, 0.33098807],
       [0.74370456, 0.66978352, 0.23207239],
```

① https://pandas.pydata.org/。

```
          [0.78709869, 0.15432107, 0.99743558]])
#第一列数据
data_series = pd.Series(data_arr[:, 0])
data_series                                         #输出↓
0      0.504096
1      0.380498
2      0.943851
3      0.743705
4      0.787099
dtype: float64
```

数组通过 pandas 的 Series 转换后多了一个 index 项,该功能具有非常强的操作性。

```
data_series.loc[1]                                  #index = 1 的值   输出↓
0.38049785548799653
data_series.iloc[1]                                 #第 1 个位置的值   输出↓
0.38049785548799653
data_series.idxmax()                                #最大值对应的位置   输出↓
2
data_series.std()                                   #标准差   输出↓
0.2266370655649594
data_series.mean()                                  #均值   输出↓
0.6718496664648068
data_series.loc[data_series.between(0,.4)]          #data_series 的值介于区间[0, 0.4]
                                                    #返回 True,其他返回 False
1      0.380498
dtype: float64
data_series.iloc[0] = None                          #第 1 个位置更新为缺失值   输出↓
0           NaN
1      0.380498
2      0.943851
3      0.743705
4      0.787099
dtype: float64
data_series.count()                                 #总数,缺失值不予考虑   输出↓
4
data_series.to_numpy()                              #转换成数组   输出↓
array([nan, 0.38049786, 0.94385118, 0.74370456, 0.78709869])
```

2.4.2 dataframe

在实际工作中数据大部分是多维度的,dataframe 格式是一个常用的数据格式,并且非常友好,支持多维度数据。注意,pandas 中的 dataframe 与 Spark 中的 dataframe 是不一样的,尽管名字相同。这里列举一些简单的实例。

```
#dataframe 需要制定列名(columns),也可以通过其他形式转换,如字典
data_df = pd.DataFrame(data = data_arr, columns = list('ABC'))
data_df                                          # 输出↓
          A         B         C
0    NaN       0.123198  0.102761
1  0.580960  0.798611  0.661535
2  0.899149  0.983652  0.205789
3  0.183734  0.303343  0.005029
4  0.453312  0.350193  0.746633
data_df.count()                                  # 总数   输出↓
A    4
B    5
C    5
dtype: int64
data_df.mean()                                   # 均值   输出↓
A    0.529289
B    0.511799
C    0.344349
dtype: float64
data_df.abs()                                    # 绝对值
data_df.info()                                   # 数据基本信息   输出↓
<class 'pandas.core.frame.DataFrame'>
RangeIndex: 5 entries, 0 to 4
Data columns (total 3 columns):
A    4 non - null float64
B    5 non - null float64
C    5 non - null float64
dtypes: float64(3)
memory usage: 200.0 bytes
data_df['label'] = ['a', 'a', 'b', 'b', 'b']     # 添加 1 列   输出↓
          A         B         C     label
0    NaN       0.123198  0.102761  a
1  0.580960  0.798611  0.661535  a
2  0.899149  0.983652  0.205789  b
3  0.183734  0.303343  0.005029  b
4  0.453312  0.350193  0.746633  b
data_df.groupby('label').mean()                  # 分组均值   输出↓
label  A         B         C
a    0.580960  0.460904  0.382148
b    0.512065  0.545729  0.319150
data_df.B                        # 获取指定列 B 的数据,返回一个 Series 结构   输出↓
0     0.123198
1     0.798611
2     0.983652
3     0.303343
4     0.350193
Name: B, dtype: float64
data_df['B']                                     # 结果同上
```

```
data_df.B.apply(lambda x: 1 if x > 0.5 else None) #输出↓
0     NaN
1     1.0
2     1.0
3     NaN
4     NaN
Name: B, dtype: float64
data_df.corr()                                    #相关性(自动过滤分类数据)  输出↓
       A         B         C
A  1.000000  0.916698  0.162975
B  0.916698  1.000000  0.255997
C  0.162975  0.255997  1.000000
data_df.loc[1:3]                                  #index 为 1～3  输出↓
         A         B         C    label
1  0.580960  0.798611  0.661535   a
2  0.899149  0.983652  0.205789   b
3  0.183734  0.303343  0.005029   b
data_df.query("label in ['a'] and B > 0.5")       #筛选  输出↓
         A         B         C    label
1  0.58096  0.798611  0.661535   a
data_df[[i for i in data_df.columns if 'label' != i]].diff(1, axis = 0)
                                                  #一阶差分  输出↓
         A          B          C
0  NaN         NaN         NaN
1  NaN         0.675413    0.558774
2  0.318189    0.185041   -0.455746
3  -0.715414  -0.680309   -0.200760
4  0.269578    0.046850    0.741605
data_df.to_dict()                                 #转换成字典
data_df.values                                    #与 data_arr 一样,但数据类型不同
```

2.4.3 日平均线

模块 pandas 不仅支持复杂的数据处理和计算,也支持绘图等功能。下面的示例通过网络资源下载苹果股票(APPL)的数据(见表 2.2),并绘制其 20 日和 60 日移动平均线。

```
import numpy as np
import matplotlib.pyplot as plt
import pandas as pd
#Mac OS 需要修改,其他可能不需要下面这行命令
pd.core.common.is_list_like = pd.api.types.is_list_like
#pip3 install pandas_datareader (需安装)
from pandas_datareader import data
%matplotlib inline
#数据通过 Yahoo 下载,开始日期: 2017-01-01 截止日期: 2018-05-01
data_df = data.DataReader('AAPL', data_source = 'Yahoo', start = "2017-1-1",
end = "2018-5-1")
#前 5 个样本
data_df.head(5)
```

表 2.2 前 5 个样本

Date	Open	High	Low	Close	Adj Close	Volume
2017-01-03	115.80000	116.33000	114.76000	116.15000	111.70983	2878190
2017-01-04	115.84999	116.51000	115.75000	116.01999	111.58477	2111810
2017-01-05	115.91999	116.86000	115.80999	116.61000	112.15222	2219360
2017-01-06	116.77999	118.16000	116.47000	117.91000	113.40254	3175190
2017-01-09	117.94999	119.43000	117.94000	118.98999	114.44124	3356190

以维度 Adj Close 为例，其移动平均线的代码如下所示。

```
part_df = data_df["Adj Close"]
part_df.plot(label = 'original')
part_df.rolling(window = 20).mean().plot(label = '20MA')
part_df.rolling(window = 60).mean().plot(label = '60MA')
plt.legend()
```

执行以上代码，其移动平均线的结果如图 2.6 所示。

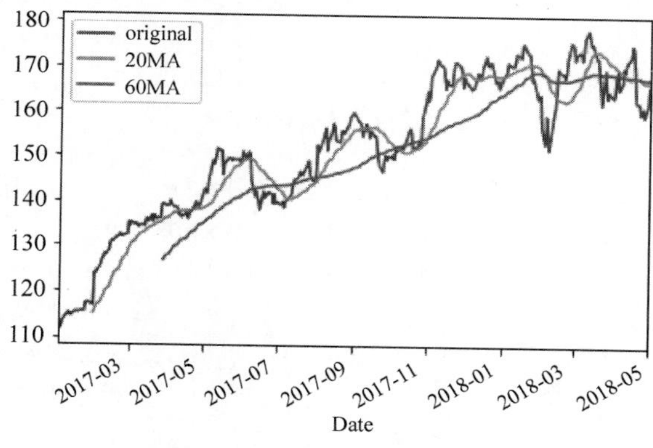

图 2.6 20MA 和 60MA 图形

2.4.4 数据存取

pandas 在数据存储方面也非常的便捷，很多数据格式都可以直接读取，如 txt、pkl、csv、xls、json、sas、sql、table 以及 stata 等格式的数据。其存储方式不仅包括以上几种，还包括可以上传到数据库的 API，这里只给出部分实例。

```
path = "../dataSets/playball.txt"                #路径
data_df = pd.read_csv(path, sep = ' ')           #txt 数据
data_df.to_pickle("data.pkl")                    #保存为 pkl 格式
data_df.to_excel("data.xls")                     #保存为 xls 格式，需要安装其他模块
data_df.to_csv("data.txt")                       #txt 或 csv 格式
```

关于 pandas 模块的内容就简单介绍这些，建议读者认真学习其官方文档，这对于学习或工作会有很大帮助。

2.5 Matplotlib

Matplotlib 和 PyLab 是 Python 常用的绘图模块，但并非唯一。这里仅简要介绍有关 Matplotlib 模块的简单内容。这里主要介绍二维和三维图形的绘图方法。

2.5.1 二维图形

二维图形在实际工作中较为常见，从事数据科学的人经常会根据原始数据或实验结果制作各种类型的图形。例如，针对函数 $f(x)=\sin(2\pi x)\mathrm{e}^{-x}$ 制作一张二维图形。

```
#导入模块
import matplotlib.pyplot as plt
import numpy as np
%matplotlib inline                                       #省去 plt.show()命令
x = np.arange(0, 5, 0.02)                                #x 轴数据
#定义函数
def f(x):
    return np.sin(2 * np.pi * x) * np.exp(-x)
y = f(x)                                                 #y 轴数据
plt.plot(x, y, label = '$\sin(2\pi x)e^{-x}$')           #latex 标识,latex 格式
plt.plot(x, -np.exp(-x), label = '$-e^{-x}$')            #-exp(-x)函数
plt.plot(x, np.exp(-x), label = '$e^{-x}$')              #exp(-x)函数
plt.xlabel('$x$')                                        #x 轴标签
plt.ylabel("$y$")                                        #y 轴标签
plt.legend()                                             #显示各个函数的标签
```

以上代码绘制的结果如图 2.7 所示。

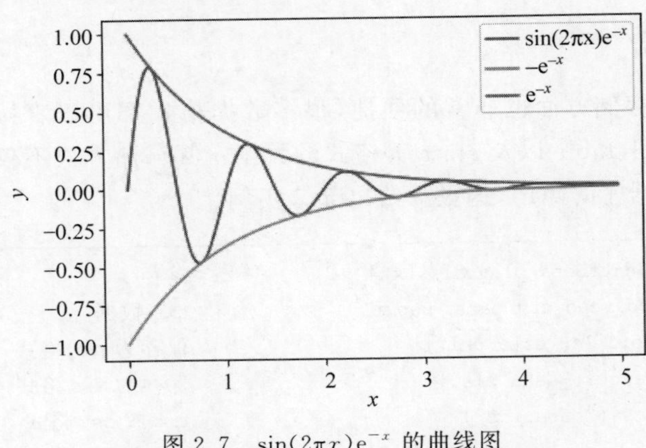

图 2.7 $\sin(2\pi x)\mathrm{e}^{-x}$ 的曲线图

以上是最常见的作图形式之一(图 2.7),在这里不妨制作一张“图中图”,简单而言就是在一个主图中添加一个或多个副图。这里给出一个简单的主副图形的代码。

```
fig = plt.figure(figsize = (6, 6))          # 新建一个 6×6 画布
axes1 = fig.add_axes([.1,.1,.9,.9])         # 主区域,声明区域占比
axes2 = fig.add_axes([.5,.5,.4,.4])         # 副区域,声明区域占比
axes1.plot(x, y, 'g')                       # 先主图 g: green,绿色
axes1.set_xlabel('$ x $ ')                  # 设置 x 轴
axes1.set_ylabel('$ y $ ')                  # 设置 y 轴
axes2.plot(x, np.cos(y), 'r')               # r: red,红色
axes2.set_xlabel('$ x $ ')
axes2.set_ylabel('$ y $ ')
fig                                         # 打印图片
```

运行以上代码,其结果如图 2.8 所示。

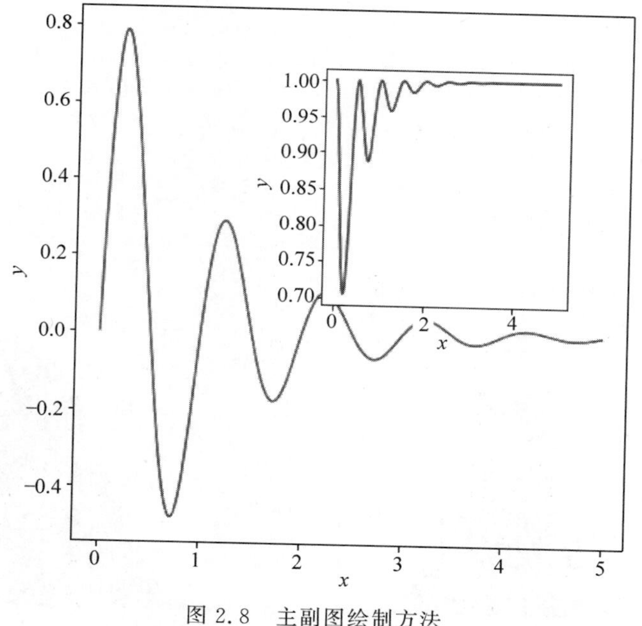

图 2.8 主副图绘制方法

主副图的代码也是非常简单的,先创建一个画布,然后在画布域上按照比例约束主图和副图的占比,再在各自的约束画布内作图。有时候需要将多个图合并在一起,这里列举一个 3 行 1 列的绘图方法。其代码如下所示。

```
fig, ax = plt.subplots(3)
ax[0].plot(x, np.sin(x))
ax[1].plot(x, np.cos(x))
ax[2].plot(x, np.cos(x) * np.sin(x))
```

运行以上代码,结果如图 2.9 所示。

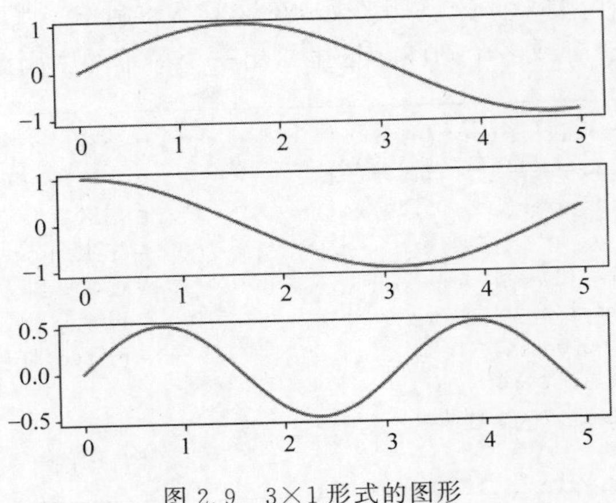

图 2.9　3×1 形式的图形

除了折线图,常用的还有直方图、散点图和饼图等,这里再给出几个简单实例。直方图的实例代码如下所示。

```
rand_n = np.random.randn(1000)                          #随机数
fig, axes = plt.subplots(1, 2, figsize = (12, 5))       #1 行 2 列
axes[0].hist(rand_n)
axes[1].hist(rand_n, cumulative = True, bins = 60)      #累计和
#fig.savefig("hist.png")                                #保持图片为 png 格式
```

以上代码的输出结果如图 2.10 所示。

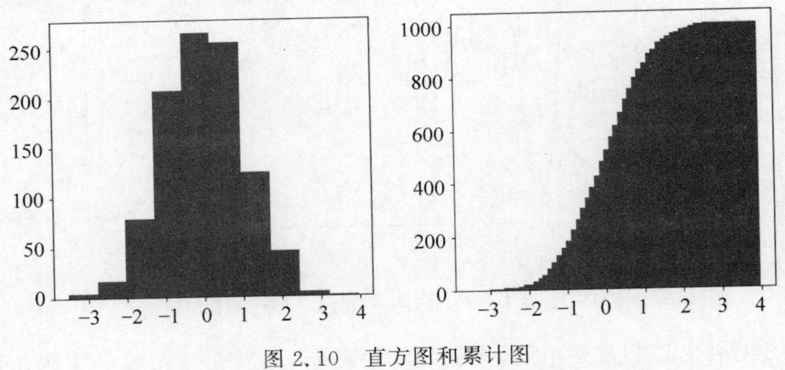

图 2.10　直方图和累计图

散点图绘制图形时,有多种参数可以选择,这里通过 c 来添加分类标签,其代码如下所示。

```
scatter_arr = np.random.random((2,20))                  #生成 2×20 数组
label_list = [1] * 10 + [2] * 10                        #类标签{1, 2}
plt.scatter(scatter_arr[0], scatter_arr[1], c = label_list)
```

散点图的实例代码运行结果如图 2.11 所示。

借助 NumPy 模块随机生成一组数据，然后再执行以下代码绘制饼图，结果如图 2.12 所示。

```
plt.pie(np.random.uniform(0, 1, 20))
```

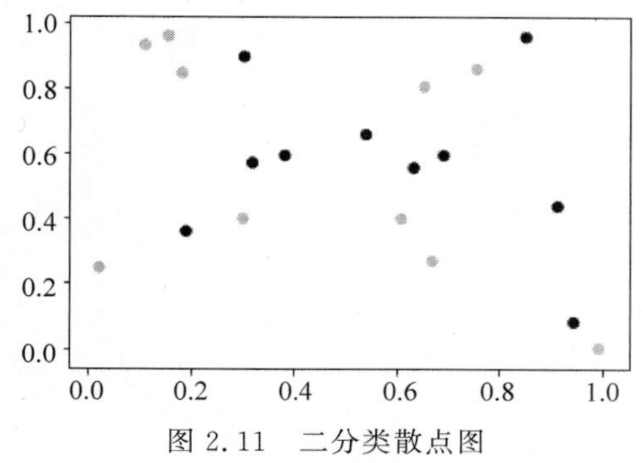

图 2.11 二分类散点图

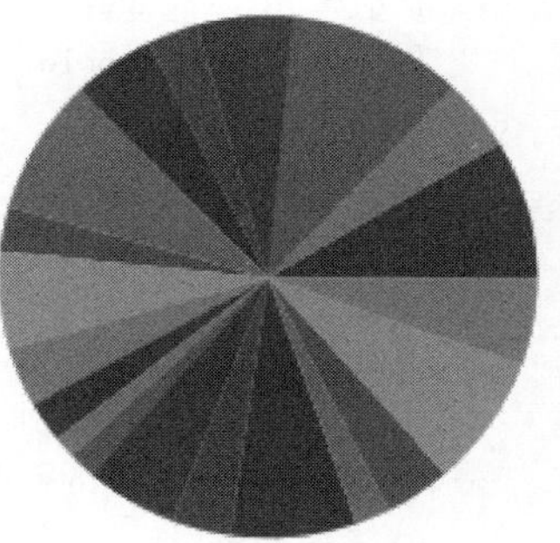

图 2.12 饼图

绘制函数 $f=x^2$ 和函数 $g=x^3$ 之间的面积区域图形，如图 2.13 所示。

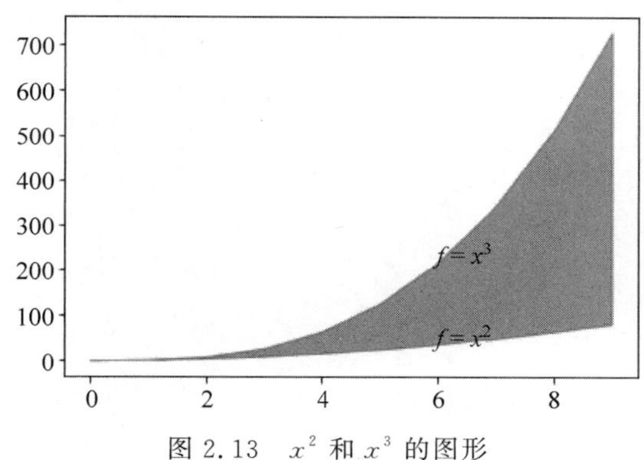

图 2.13 x^2 和 x^3 的图形

其代码如下所示。

```
plt.fill_between(np.arange(10), np.arange(10) ** 2, np.arange(10) ** 3, color = 'g', alpha = 0.5)
plt.text(x = 6, y = 36, s = '$ f = x^{2} $')
plt.text(x = 6, y = 216, s = '$ g = x^{3} $')
```

2.5.2 三维图形

这里介绍几种三维图形的绘制方法。第一种方法以官方文档[①]的实例为主，绘制一张三维的散点图。其代码如下所示。

① https://matplotlib.org/3.1.0/gallery/mplot3d/scatter3d.html。

```
#导入模块
from mpl_toolkits.mplot3d import Axes3D
#定义一个随机函数
def randrange(n, vmin, vmax):
    return (vmax - vmin) * np.random.rand(n) + vmin
fig = plt.figure(figsize=(7,7))
ax = fig.add_subplot(111, projection='3d')                    #三维项目
n = 100
for m, zlow, zhigh in [('o', -50, -25), ('^', -30, -5)]:
    xs = randrange(n, 23, 32)
    ys = randrange(n, 0, 100)
    zs = randrange(n, zlow, zhigh)
    ax.scatter(xs, ys, zs, marker=m)
ax.set_xlabel('$X$')
ax.set_ylabel('$Y$')
ax.set_zlabel('$Z$')
```

执行以上代码,结果如图 2.14 所示。

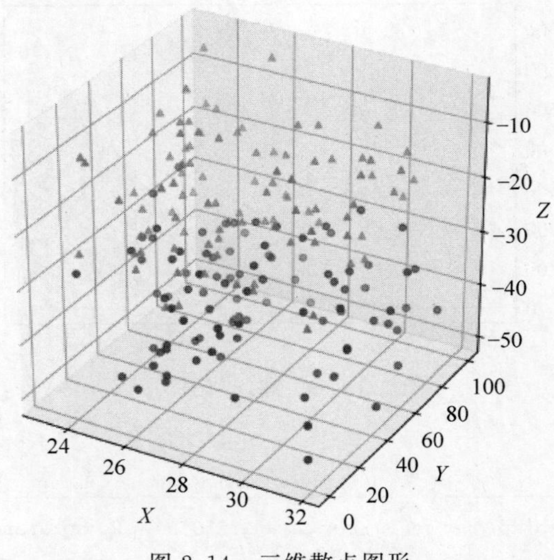

图 2.14 三维散点图形

再列举一个关于函数的三维图形,代码如下所示。

```
fig = plt.figure(figsize=(7, 7))                    #创建画布
ax = plt.axes(projection= '3d')                     #声明三维绘图
z = np.linspace(0, 13, 500)                         #创建离散点数组
x = np.sin(z)
y = np.cos(z)
ax.plot3D(x, y, z, 'gray')                          #灰度处理
```

```
zdata = 10 * np.random.random(100)
xdata = np.sin(zdata) + 0.1 * np.random.randn(100)      #添加噪声
ydata = np.cos(zdata) + 0.1 * np.random.randn(100)      #添加噪声
ax.scatter3D(xdata, ydata, zdata, c = zdata, cmap = 'Greens')
```

执行以上代码,结果如图 2.15 所示。

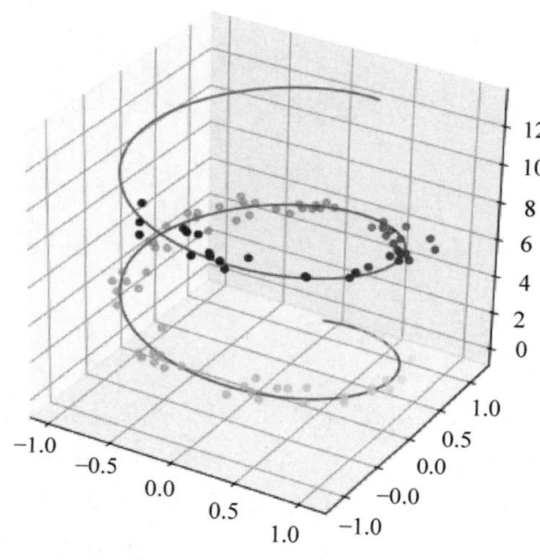

图 2.15 三维曲线图

除了以上三维作图,下面给出一个画曲面的方法,先给定一个函数。

$$f(x,y)=2+\alpha-2\cos(x)*\cos(y)-\alpha\cos(\pi-2y) \tag{2.8}$$

其中,α 是待定常数,不妨取 $\alpha=0.618$。其代码如下所示。

```
def f_func(x, y):
    return 2 + alpha - 2 * np.cos(x) * np.cos(y) - alpha * np.cos(np.pi - 2 * y)
alpha = 0.618
x = np.linspace(0, 2 * np.pi, 100)
y = np.linspace(0, 2 * np.pi, 100)
#张成一个网格
X,Y = np.meshgrid(x, y)
Z = f_func(X, Y).T
fig = plt.figure(figsize = (8,6))
ax = fig.add_subplot(1,1,1, projection = '3d')
ax.plot_surface(X, Y, Z, rstride = 4, cstride = 4, alpha = 0.25)
cset = ax.contour(X, Y, Z, zdir = 'z', offset = - np.pi, cmap = plt.cm.coolwarm)
cset = ax.contour(X, Y, Z, zdir = 'x', offset = - np.pi, cmap = plt.cm.coolwarm)
cset = ax.contour(X, Y, Z, zdir = 'y', offset = 3 * np.pi, cmap = plt.cm.coolwarm)
ax.set_xlim3d( - np.pi, 2 * np.pi)
ax.set_ylim3d(0, 3 * np.pi)
ax.set_zlim3d( - np.pi, 2 * np.pi)
```

执行以上代码,结果如图 2.16 所示。

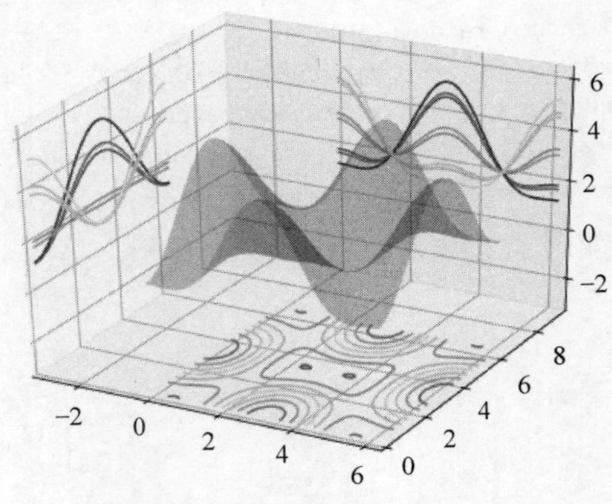

图 2.16 三维曲面图形

2.6 本章小结

本章节仅介绍了关于 Python 科学计算库的部分内容和实例,主要讲解了 NumPy、SymPy、SciPy、pandas 和 Matplotlib 模块。各个模块通过网络资源都可以找到相应的电子教程,并且其内容较为详尽,因此这里仅介绍了与本书内容相关的一些内容。NumPy 支持强大的数组、矩阵计算以及科学计算的命令,并与 2017 年由 Facebook 发行的 PyTorch 有着紧密的联系。SymPy 支持符号计算,便于从事理论研究工作。SciPy 涵盖了日常所见的科学计算命令,为日常工作与科研提供了极大的便利。pandas 是从事数据科学的必备利器,建议读者深入学习其官方文档。Matplotlib 在数据可视化方面是最常用的模块之一,且功能非常强大,因此是需要去深入学习的。

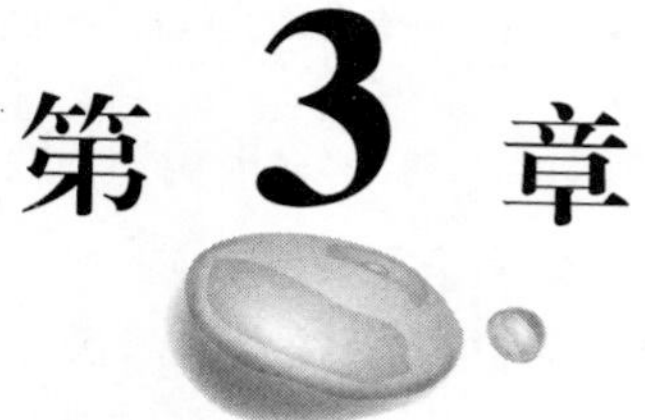

第3章 描述性分析

视频讲解

3.1 数据

数据(data)是统计学、数据挖掘、大数据分析和人工智能等领域的研究必备前提。根据维基百科的定义,数据是指未经过处理的原始记录。当然,实际工作中的源数据不免会有噪声数据,本书涉及的原始记录是相对的,既不含有噪声数据,也不存在异常数据值,除非有特殊说明。按照数据类型进行划分,数据包含分类数据和数值数据两种。

定义 3.1 分类数据

不可(直接)测量的数据称为分类数据。如外貌、天气、出生地、英语等级等。

分类数据可以在一定条件下作为数值数据进行处理。如某校学生 A 想调研学校的学生对 Python 语言的喜爱程度,其中一项问题设计,如表 3.1 所示。

表 3.1 某校学生对 Python 语言的调研

序号	问　　题	非常有趣	有趣	一般	无趣	非常无趣
1	你认为 Python 有趣吗					

调研完成后将问卷进行整理,剔除无效问卷,再录入数据,对选项通过下面的方式进行数值化处理,即可视为数值数据,便可进行处理和分析了。

```
score_dict = {"非常有趣": 5, "有趣": 4, "一般": 3, "无趣": 2, "非常无趣": 1}
```

待问卷数据录入后,可通过离差公式$\left(\mathrm{dev}(x_i)=50+10\times\frac{x_i-\bar{x}}{\sigma}\right)$将其转换为数值数

据。假设序号 1 问题的所有有效数据的均值为 3,标准差为 2,某学生选择了有趣,此得分为 50＋10×((4－3)/2)＝55.0。

定义 3.2　数值数据

可测量的数据称为数值数据。如气温、国内生产总值、身高、体重等。

数值(型)数据在日常工作处理中占主导地位,但随着自然语言(NLP)的兴起,关于文本数据的研究也日益剧增。本书主要集中探索数值(型)数据,读者若对文本数据感兴趣,可以参照一些关于自然语言处理的书籍。另外,数值数据也可以进行细分,比如可分为时间序列和非时间序列。

另外,在解决实际问题时经常存在既含有分类数据也含有数值数据的情况,因此想成为一名优秀的数据科学家,不仅需要具备相关的数学知识、编程能力,还要具备丰富的经验。从事数据科学多年的工作者,对工作流程都有清晰的流程,这里给出一个关于数据分析的大致流程图,如图 3.1 所示。

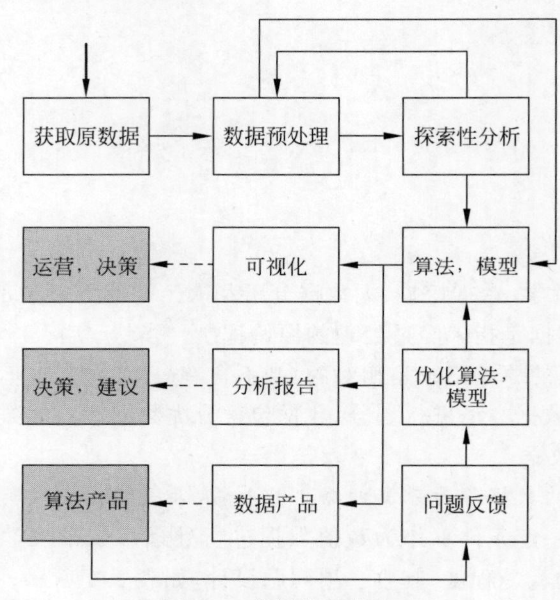

图 3.1　数据分析流程图

图 3.1 是从事数据分析或相关工作人员经常遇到的工作流程,比如数据分析师需要对公司的业务数据做数据分析,并将结论反馈给高层,以便给出数据支撑。算法产品可以作为公司的核心产品,比如头条新闻的个性化推荐算法,淘宝、天猫的商品推荐算法以及用户画像等,这些都是公司的宝贵资源。总之,数据是最客观、最真实的,若是其主观分析判断结果与数据结果相左,要么是主观判断是错的,要么就是分析数据的方法是错的。

3.2 基本统计量

基本统计量是简单的,同时也是重要的,在生活中每时每刻都在用一些基本的统计量,比如：杭州 2018 年人均可支配收入为 54 348 元(数据源于杭州市统计局)；今天昼夜温差为8°。本节将介绍一些基本统计量，并通过 Python 语言实现其算法或定义相关的函数。

3.2.1　平均数

平均数是测量集中趋势最常见的统计量。平均数适用于数值数据，不适用于分类数据。平均数在实际工作中默认为算术平均数的情况较多，但是两者是不同的，算术平均数是平均数中的一种。常见的平均数有算术平均数（描述统计最常见）、几何平均数（金融领域较多）、调和平均数以及平方平均数。除此之外，还有一些不常见的：几何-调和平均数、算术-几何平均数和移动平均数。这里简单介绍四种常见的平均数，读者若感兴趣可检索相关的文献或资料，这里不再额外赘述。

设有两个随机变量 X 和 Y，其总体期望分别为 $E(X)=\mu_1$，$E(Y)=\mu_2$。现有对应两组样本 $x=\{x_1,x_2,\cdots,x_n\}$ 和 $y=\{y_1,y_2,\cdots,y_n\}$。

1. 算术平均数

$$\bar{x}=\frac{x_1+x_2+\cdots+x_n}{n} \tag{3.1}$$

称为算术平均数（mean，或称平均值）。对于变量 X，其期望 $E(X)=\mu_1$，对于实数 k，则有：

$$E(kX)=kE(X) \tag{3.2}$$

若两变量 X，Y 相互独立，则有 $E(XY)=E(X)E(Y)$，说明变量 X 和 Y 不相关（见相关性）。

算术平均数的代码实现，可以通过以下两种方法：

```
#样本
In [63]: sample_list = [50, 60, 75, 85, 100, 30, 48]
#样本量
In [64]: sample_num = len(sample_list)
#算术平均数, 方法 1
In [65]: mean_val = sum(sample_list) / sample_num
In [66]: mean_val
Out[66]: 64.0
#使用 NumPy 模块计算,方法 2
In [67]: import numpy as np
In [68]: np.mean(sample_list)
Out[68]: 64.0
```

2. 几何平均

几何平均数即 n 个数据相乘后开 n 次方。

$$\bar{x}=\sqrt[n]{\prod_{i=1}^{n}x_i} \tag{3.3}$$

其代码实现的方法如下：

```
#方法 1
In [69]: np.power(np.prod(sample_list), 1 / sample_num)
Out[69]: 59.86013681671229
#方法 2
In [70]: from scipy.stats import gmean                    #几何平均命令
In [71]: gmean(sample_list)
Out[71]: 59.86013681671234
#方法 3: 自定义相乘
In [74]: def prod_f(x, y):
    ...:     return x * y
In [75]: from functools import reduce
In [76]: np.power(reduce(prod_f, sample_list), 1 / sample_num)
Out[76]: 59.86013681671229
```

建议初学 Python 的读者编写代码时尽量少调用模块，通过 Python 的基本数据结构进行学习，加强练习。

3. 调和平均数

调和平均数，即 n 个数据的倒数再计算其算术平均数，再计算倒数。

$$\bar{x}=\frac{1}{\frac{\sum 1/x_i}{n}}=\frac{n}{\sum 1/x_i} \tag{3.4}$$

下面给出调和平均数的实现代码：

```
#方法 1 SciPy 模块
In [77]: from scipy.stats import hmean
In [78]: hmean(sample_list)
Out[78]: 55.585831062670295
#方法 2
In [79]: rec_sample_list = [1 / i for i in sample_list]                 #元素取倒数
In [80]: rec_mean = sum(rec_sample_list) / len(rec_sample_list)      #算术平均数
In [85]: 1 / rec_mean                                                  #调和平均数
Out[85]: 55.58583106267029
```

4. 平方平均数

平方平均数也就是常说的二范数，其数学表达式如下所示：

$$\bar{x}=\sqrt{\frac{x_1^2+x_2^2+\cdots+x_n^2}{n}} \tag{3.5}$$

这里通过 Python 实现该算法，并尽量不采用其他模块来实现。

```
def avg_sqr(data_list):
    '''
    计算给定数据列表的平方平均数，其数学公式如下所示：
    $ \bar{x} = \sqrt{\frac{x_{1}^{2} + x_{2}^{2} + \cdots + x_{n}^{2}}{n}} $
    :param data_list: 列表，元素为数值型数据
    :return: 平方平均数
    '''
    #数据量
    data_num = len(data_list)
    #元素平方并求和,返回列表
    data_square_sum = sum([i * i for i in data_list])
    return pow((data_square_sum / data_num), 1 / 2)

if __name__ == '__main__':
    sample_list = [50, 60, 75, 85, 100, 30, 48]
    print(avg_sqr(sample_list))
```

以上代码的实现没有借助第三方模块，这利于较好地学习 Python 语言。其中 pow(x,n)相当于 x^n，但是弱于 np.power(x,n)函数，np.power(x,n)中的 x 可以是一个数值，也可以是一个列表(list)或元组(tuple)。

3.2.2 最值

最值包括极大值和极小值。关于最值的 Python 实现是非常简单的。

```
#样本
In [63]: sample_list = [50, 60, 75, 85, 100, 30, 48]
#方法 1
#最大值
In [95]: max(sample_list)
Out[95]: 100
#最小值
In [96]: min(sample_list)
Out[96]: 30
#方法 2
In [97]: min_v, *other, max_v = sorted(sample_list)
In [98]: min_v, max_v
Out[98]: (30, 100)
In [100]: other
Out[100]: [48, 50, 60, 75, 85]
```

方法 1 通过 Python 内置函数分别计算最大值和最小值；方法 2 通过命令 sorted 对列表进行升序(亦可通过参数 reverse=True 降序)排列，再对列表进行切片，min_v、max_v 分别为升序后列表的第一个值和最后一个值，其他的值以列表的形式返回给 other，这是一个比较常用的方法。

3.2.3 中位数

中位数(median)是统计学中的专有名词，即将样本数值集合划分为数量相等或相差1的上下两部分，中位数可能是样本中的值，也可能不是。

定义 3.3 中位数

一组样本量为 n 的样本$(x_1, x_2, \cdots, x_n)$，其排序(升序、降序)后的样本$(x'_1, x'_2, \cdots, x'_n)$。

$$M(x)=\begin{cases} x'_{\frac{n+1}{2}} & n \text{ 为奇数(odd)} \\ \dfrac{1}{2}\left(x'_{\frac{n}{2}}+x'_{\frac{n}{2}+1}\right) & n \text{ 为偶数(even)} \end{cases} \tag{3.6}$$

其代码实现如下：

```
def median_func(data_list):
    '''
    中位数：
    $ M(x) = \left\{
        \begin{array}{ll}
        x^{\prime}_{\frac{n + 1}{2}} &, n \mbox{为奇数} \\
        \frac{1}{2}(x^{\prime}_{\frac{n}{2}} + x^{\prime}_{\frac{n}{2} + 1}) &, n \mbox{为偶数}\,
        \end{array} $
    :param data_list: 列表或元组
    :return: 返回中位数
    '''
    data_sorted = sorted(data_list, reverse = False)
    data_num = len(data_sorted)
    if data_num % 2:            # 奇数
        return data_sorted[(data_num + 1) / 2]
    return .5 * (data_sorted[int(data_num / 2 - 1)] + data_sorted[int(data_num / 2)])

if __name__ == '__main__':
    # NumPy 模块
    import numpy as np
    data_list = [1,2,3,4]
    print(median_func(data_list))
    print(np.median(data_list))
```

自定义的中位数代码与 NumPy 模块中的命令 median 输出结果一致。需要注意的是，Python 进行切片时，第 1 个元素的 index 从 0 开始，另外可以试着验证其性能上的差异。

3.2.4 众数

众数(mode)是指一组样本中出现次数最多的值，是统计学里面比较重要的一个统计量。众数在一定程度上能反映出集中趋势。SciPy 模块也有其对应的函数命令 mode。

```
In [110]: from scipy.stats import mode
In [111]: sample_list = [50, 60, 75, 85, 100, 30, 48]
#各元素出现次数一致时，返回最少的结果
In [112]: mode(sample_list)
Out[112]: ModeResult(mode = array([30]), count = array([1]))
#各元素出现次数不一致时，返回最多的结果
In [113]: mode([1, 2, 3, 4, 4])
Out[113]: ModeResult(mode = array([4]), count = array([2]))
#若元素出现次数最多的不止一个，返回最少的结果
In [63]: mode([1, 1, 5, 5, 3, 4])
Out[63]: ModeResult(mode = array([1]), count = array([2]))
```

3.2.5 极差

极差(range,又称全距)是衡量指定变量间差异变化范围,通常极差越大,样本变化范围越大。

$$\mathrm{ptp}(x) = \max_{1 \leqslant i \leqslant n}\{x_i\} - \min_{1 \leqslant i \leqslant n}\{x_i\} \tag{3.7}$$

通过命令 numpy.ptp(data)可以实现,当然也可能通过 max(data) − min(data)实现。

```
In [65]: sample_list = [1, 1, 5, 5, 3, 4]
In [72]: import numpy as np
In [73]: np.ptp(sample_list)                      #极差
Out[73]: 4
In [74]: max(sample_list) - min(sample_list)   #极差
Out[74]: 4
```

3.2.6 方差

方差(variance)用于衡量样本的离散程度。方差在概率论和统计学中普通存在,通常用符号 σ^2 表示,σ 称为标准差,其数学表达式为:

$$\sigma^2 = \frac{1}{n}\sum_{i=1}^{n}(x_i - \bar{x})^2 \tag{3.8}$$

在统计学中,多采用以下方法计算方差(无偏性)。

$$\sigma^2 = \frac{1}{n-1}\sum_{i=1}^{n}(x_i - \bar{x})^2 \tag{3.9}$$

NumPy 和 SciPy 模块都有其函数命令 var,这里不通过第三方模块来实现其代码。

```
def var_func(data_list, method = None):
    '''
    方差的数学表达式:
    \sigma^{2} = \frac{1}{n}\sum_{i = 1}^{n}\left(x_{i} - \overline{x}\right)^{2}
    :param data_list: 列表或元组，元素为数值型数据
```

```
    :parm method: None, 分母:n; Not None, 分母: n - 1
    :return: 方差
    '''
    #样本量
    data_num = len(data_list)
    if method is not None:
        data_num = data_num - 1
    #算术平均数
    data_mean = sum(data_list) / data_num
    return sum([(i - data_mean) ** 2 for i in data_list]) / data_num
```

上面代码中 ** 表示幂运算(又称指数运算),$x ** 2=x * x=x^2$,等同于 pow(x,2)。上面代码对式(3.8)和式(3.9)进行了代码实现。

3.2.7 变异系数

变异系数(又称离散系数),即样本标准差与算术平均数的比值,可以将含有量纲的标准差进行无量纲处理。

$$\mathrm{CV}=\frac{\sigma}{\bar{x}} \tag{3.10}$$

上面给出了算术平均数和方差的公式,其代码实现也非常简单,可以通过 NumPy 模块直接求解:numpy. std(data)/numpy. mean(data)。

3.2.8 协方差

定义 3.4　协方差

假设两个变量 X,Y 的期望分别为 $E(X)=\mu_1,E(Y)=\mu_2$,定义 X,Y 的协方差 $\mathrm{cov}(X,Y)$为:

$$\mathrm{cov}(X,Y)=E((X-\mu_1)(Y-\mu_2))=E(XY)-\mu_1\mu_2 \tag{3.11}$$

对于变量 X,Y,其协方差矩阵为:

$$\boldsymbol{\Sigma}=\begin{bmatrix}\mathrm{cov}(X,X) & \mathrm{cov}(X,Y)\\ \mathrm{cov}(Y,X) & \mathrm{cov}(Y,Y)\end{bmatrix} \tag{3.12}$$

其中 $\mathrm{cov}(X,Y)=\mathrm{cov}(Y,X)$,式(3.12)中的$\boldsymbol{\Sigma}$ 是一个实对称矩阵。

关于协方差的计算,其实现代码如下所示。

```
def cov_func(x_arr, y_arr):
    '''
    协方差:
    $ cov(X, Y) = E((X-\mu_{1})(Y-\mu_{2})) = E(XY) - \mu_{1}\mu_{2} $
    :param
        x_arr: 数据(向量)x
        y_arr: 数据(向量)y
    :return:
```

```
    '''
    x_num = len(x_arr)
    x_mean = np.mean(x_arr)
    y_mean = np.mean(y_arr)
    return np.mean((x_arr - x_mean) * (y_arr - y_mean)) * (x_num)/(x_num - 1)

if __name__ == "__main__":
    import numpy as np
    x_arr = np.arange(1, 10, .05)
    y_arr = 3 * x_arr
    X = np.stack((x_arr, y_arr), axis = 0)
    print("协方差矩阵\n", np.cov(x_arr, y_arr))
    print(cov_func(x_arr, y_arr), cov_func(x_arr, x_arr))
```

输出结果：

```
python cov.py
协方差矩阵
    [[ 6.7875 20.3625]
    [20.3625 61.0875]]
20.36250000000004 6.787500000000012
```

通过输出结果可以看出，命令 numpy.cov 输出的是协方差矩阵，显然协方差是一个实对称矩阵(半正定矩阵)。这里需要注意的是，NumPy 模块中命令 cov 在默认条件下计算协方差与定义略有差异，最后一步计算期望时分母为 $n-1$，而不是 n。

协方差用于衡量两个变量(样本)的总体误差。当两个变量相同时，协方差就是方差。协方差可以较好地反映出两个变量的变化趋势，如图 3.2 所示。

- 若 $\text{cov}(X,Y)>0$，X，Y 变化趋势相同；
- 若 $\text{cov}(X,Y)<0$，X，Y 变化趋势相反；
- 若 $\text{cov}(X,Y)=0$，称 X，Y 不相关。

其中，ε 是扰动项。

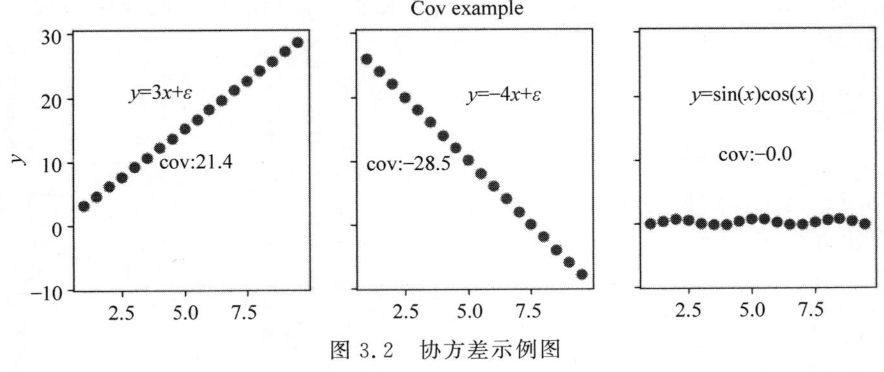

图 3.2 协方差示例图

存在 a,b,c,d 四个常数,协方差有以下较好的性质:

$$\mathrm{cov}(X,Y)=\mathrm{cov}(Y,X)$$
$$\mathrm{cov}(aX+b,cY+d)=ac\,\mathrm{cov}(Y,X)$$
$$\mathrm{cov}(X_1+X_2,Y)=\mathrm{cov}(X_1,Y)+\mathrm{cov}(X_2,Y)$$
$$\mathrm{cov}(X,Y)=E(XY)-E(X)E(Y)$$

3.2.9 相关系数

相关系数是衡量数值型数据之间的线性相关性,这里主要给出最为常用的皮尔逊(Pearson)相关系数,其定义如下所示。

$$\rho_{X,Y}=\frac{\mathrm{cov}(X,Y)}{\sigma_1\sigma_2}=\frac{E((X-\mu_1)(Y-\mu_2))}{\sigma_1\sigma_2} \tag{3.13}$$

其中,$\mu_1=E(X)$,$\mu_2=E(Y)$,$\sigma_1^2=E(X^2)-E^2(X)$,$\sigma_2^2=E(Y^2)-E^2(Y)$。显然,$\rho\in[-1,1]$,其 Python 代码实现较为简单,使用 NumPy 模块中的 np. corrcoef。变量 X 和 Y 之间的相关性有以下性质:

- 当 $\rho_{X,Y}>0$ 时,变量 X,Y 之间线性正相关;
- 当 $\rho_{X,Y}<0$ 时,变量 X,Y 之间线性负相关;
- 当 $\rho_{X,Y}=0$ 时,变量 X,Y 之间无线性相关;
- 当 $|\rho_{X,Y}|=1$ 时,变量 X,Y 之间完全线性相关。

通常变量 X,Y 之间的相关程度分为 3 级:

Ⅰ. $|\rho_{X,Y}|<0.4$ 为低度线性相关;

Ⅱ. $0.4\leqslant|\rho_{X,Y}|<0.7$ 为显著线性相关;

Ⅲ. $0.7\leqslant|\rho_{X,Y}|<1$ 为高度线性相关。

3.3 数据转换

在解决实际问题之前,经常需要对数据进行预处理。数据标准化作为一种简单的计算方式,可以将有量纲的数据变换成无量纲的数据。最经典的就是数据归一化处理,即将数据映射到[0,1]区间内。常用的数据预处理方法有中心化、Box-Cox 转换、min-max 标准化(离差标准化)、log 函数转换和 z-score 标准化等。在处理实际问题时需要根据具体情况分析,再确定使用哪一种标准化方法。

3.3.1 中心化

$$x'=x-\bar{x} \tag{3.14}$$

式(3.14)是一种常见的数据预处理方法。

代码实现如下所示:

```
#方法 1
In [162]: sample_list
Out[162]: [1, 2, 3, 1, 2, 4, 10]
```

```
In [164]: mean_val = sum(sample_list) / len(sample_list)
In [166]: [i - mean_val for i in sample_list]
Out[166]:
[-2.2857142857142856,
    -1.2857142857142856,
    -0.2857142857142856,
    -2.2857142857142856,
    -1.2857142857142856,
    0.7142857142857144,
    6.714285714285714]
#方法 2
In [167]: mean_v = np.mean(sample_list)
In [168]: np.array(sample_list) - mean_v
Out[168]:
array([-2.28571429, -1.28571429, -0.28571429, -2.28571429, -1.28571429,
        0.71428571, 6.71428571])
```

NumPy 模块中的数组支持向量化计算,其计算性能优于方法 1。

3.3.2 min-max 标准化

$$x^* = \frac{x - x_{min}}{x_{max} - x_{min}} \tag{3.15}$$

其中,x_{max} 为数据中的最大值,x_{min} 为数据中的最小值。该方法存在一定问题,当数据更新后其最值可能发生变化,则需要更新。该方法对 x 数据没有严格的要求,使用最为广泛。其代码如下所示。

```
def min_max(data_list):
    min_v, *_, max_v = sorted(data_list)
    dff_v = max_v - min_v
    return [(value - min_v) / dff_v for value in data_list]
```

读者也可以通过相关包直接调用 sklearn.preprocessing.MinMaxScaler。

3.3.3 Box-Cox 转换

在数据预处理期间经常会遇到数据分布不满足正态分布的情况,利用 Box-Cox 转换可以有效地改善数据的正态性。Box-Cox 的转换形式如下:

$$x^{\lambda} = \begin{cases} \dfrac{x^{\lambda} - 1}{\lambda}, & \lambda \neq 0 \\ \ln(x), & \lambda = 0 \end{cases} \tag{3.16}$$

其中,x 是源数据,并且数据 $x_i > 0(i=1,2,3,\cdots,n)$,$x^{\lambda}$ 是处理后的正态分布数据集。关于 λ 的取值,只能通过尝试的方法来实现,$\lambda=0.5,1,1.5,2,\cdots$,一旦确定了 λ,就可以得到满足正态分布的数据。另外,若存在小于零的数据,可以对所有原始数据都加上一个常

数 a 使得所有的数据均为正值，再进行 Box-Cox 转换。

```
import numpy as np
def box_cox(data_list, args = 1):
    '''
    box - cox()方法，用于将数据转换为正态数据
    :param data_list: 样本数据集
    :parm args: 0: log(x), 1: (x^args - 1)/args
    :return: box - cox 处理
    '''
    data_arr = np.array(data_list)
    if args == 0:
        return np.log(data_arr)
    return (np.power(data_arr, args) - 1) / args
```

3.3.4 log 函数转换

log 函数转换是针对特别的数据进行转换的一种方式，通常使用以 10 为底的 log 函数转换的方法实现归一化。

$$x^{*}=\frac{\log_{10}(x)}{\log_{10}(x_{\max})} \tag{3.17}$$

其中，所有的数据 x 需要满足 $x\geqslant 1$，显然 $x^{*}\in[0,1]$。代码如下：

```
import numpy as np
def log_norm(data_arr):
    '''
    log 函数转换\frac{\mbox{log}_{10}(x)}{\mbox{log}_{10}(x_{\max})}
    :param data_arr: array, 原数据集
    :return: array, log 函数转换后的数据
    '''
    max_v = max(data_arr)
    return np.log10(data_arr) / np.log10(max_v)
```

3.3.5 z-score 标准化

z-score 标准化又称为标准差标准化，指将数据处理成符合标准正态分布的数据。

$$x^{*}=\frac{x-\mu}{\sigma} \tag{3.18}$$

其中，μ 为数据集的均值(算术平均数)，σ 是数据集的标准差。其代码如下：

```
import numpy as np
def z_norm(data_list):
    '''
    z - score 标准化\frac{x - \mu}{\sigma}
```

```
    :param data_list:list, 原数据集
    :return: 标准化后数据
    '''
    data_len = len(data_list)
    if data_len == 0:
        raise "数据为空"
    mean_v = np.mean(data_list)
    var_v = np.var(data_list)
    if var_v == 0:
        raise "标准差为 0"
    return (np.array(data_list) - mean_v) / var_v
```

这里通过 NumPy 模块实现，命令 numpy. array 将列表转换为数组，从而避免 for 循环，由于 NumPy 是基于 C++开发的，其执行效率很高。

除了以上几种数据转换外，还有数据平整、小数缩放、差值和比率等，读者可查阅相关资料进行了解和学习，由于实现比较简单，这里不再赘述。

3.4　常见距离

这里主要介绍几种常见的距离公式，主要有欧氏距离、曼哈顿距离、余弦值相似度等。不妨假设两个向量 $\boldsymbol{x}=(x_1,x_2,\cdots,x_m)\in\mathbb{R}^m$，$\boldsymbol{y}=(y_1,y_2,\cdots,y_m)\in\mathbb{R}^m$，下面介绍向量 $\boldsymbol{x},\boldsymbol{y}$ 距离的定义。

3.4.1　闵氏距离

$$d(\boldsymbol{x},\boldsymbol{y})=\left(\sum_{i=1}^{m}|x_i-y_i|^p\right)^{\frac{1}{p}} \tag{3.19}$$

称为 $\boldsymbol{x}-\boldsymbol{y}$ 的 p-范数。

当 p 取不同的自然数时，可以得到不同的距离公式。NumPy 模块中定义了广泛的距离公式，在 ipython 中可以通过命令 np. linalg. norm?? 查看。

- 当 $p=1$ 时，$d(\boldsymbol{x},\boldsymbol{y})=\sum_{i=1}^{m}|x_i-y_i|$，为曼哈顿距离；
- 当 $p=2$ 时，$d(\boldsymbol{x},\boldsymbol{y})=\sqrt{\sum_{i=1}^{m}|x_i-y_i|^2}$，为欧氏距离；
- 当 $p=\infty$ 时，$d(\boldsymbol{x},\boldsymbol{y})=\max_{1\leqslant i\leqslant m}|x_i-y_i|$，为切比雪夫距离。

日常工作中存在对闵氏距离进行修改的情况。

$$d(\boldsymbol{x},\boldsymbol{y})=\left(\sum_{i=1}^{m}w_i|x_i-y_i|^p\right)^{\frac{1}{p}} \tag{3.20}$$

其中 w_i 是关于 x_i 和 y_i 的加权系数或函数。以上提到的距离相应的 Python 代码如下：

```
import numpy as np
def dis_func(x_list, y_list, args = 1):
```

```
    '''
    闵氏距离, $ d(\vec{x},\vec{y}) = ({\sum_{i=1}^{m}|x_{i} - y_{i}|^{p}}))^{\frac{1}{p}} $
    args = 1, 曼哈顿距离
    args = 2, 欧氏距离
    args = p, p - 范数
    args = inf, 切比雪夫距离
    :param x_list: 数据 x
    :param y_list: 数据 y
    :return: 距离
    '''
    # list2array, 支持向量计算
    x_arr = np.array(x_list)
    y_arr = np.array(y_list)
    if x_arr.shape != y_arr.shape:
        raise "The shape of two vector(matrix) must be equal."
    if args < 1:
        raise "The value of args less than 1"
    if 1 <= args < np.inf:
        return np.power(np.sum(np.power((x_arr - y_arr), args)), 1 / args)
    return np.max(np.abs(x_arr - y_arr))
```

3.4.2 余弦值相似度

余弦相似度(cosine similarity)用向量空间中两个向量夹角的余弦值作为衡量两个个体差异的大小。余弦值越接近1,就表明夹角接近0,也就是说两个向量越相似,即余弦相似性。

$$\cos\theta = \frac{\sum_{i=1}^{m}(x_i y_i)}{\sqrt{\sum_{i=1}^{m} x_i^2}\sqrt{\sum_{i=1}^{m} y_i^2}} = \frac{\boldsymbol{x} \cdot \boldsymbol{y}}{\|\boldsymbol{x}\| \|\boldsymbol{y}\|} \tag{3.21}$$

通常,$\boldsymbol{x}$ 和 $\boldsymbol{y}$ 的元素是分类数据数值化的数值,因此其样本矩阵是一个稀疏矩阵,余弦相似度在文本数据处理中有广泛的应用。Python 实现代码如下:

```
import numpy as np
def cos_func(x_list, y_list):
    '''
    余弦相似度函数\frac{\vec{x} \cdot \vec{y}}{||\vec{x}||||\vec{y}||}
    :param x_list: list or tuple
    :param y_list: list or tuple
    :return: x_list 与 y_list 的余弦相似度
    '''
    x_arr = np.array(x_list)
    y_arr = np.array(y_list)
    if x_arr.shape != y_arr.shape:
        raise "{} is not equal to {}".format(x_arr.shape, y_arr.shape)
    # 内积
```

```
    x_y_dot = x_arr.dot(y_arr)
    x_dis = dis_func(x_arr, x_arr, args = 2)
    y_dis = dis_func(y_arr, y_arr, args = 2)
    if (x_dis == 0) or (y_dis == 0):                #分母不为零判断
        raise "the denominator is zero"
    return x_y_dot / (x_dis * y_dis)
```

计算余弦值相似度时调用了闵式距离中的 dis_func()函数。函数的调用可以实现代码的复用及利于维护，在往后的学习中会经常遇到。另外还使用了命令 numpy.dot，它支持向量内积。

3.5 多维数据

3.5.1 矩阵

设有 n 个未知数的 m 个方程的线性代数方程组：

$$\begin{cases} a_{11}x_1 + a_{12}x_2 + \cdots + a_{1n}x_n = b_1 \\ a_{21}x_1 + a_{22}x_2 + \cdots + a_{2n}x_n = b_2 \\ \vdots \\ a_{m1}x_1 + a_{m2}x_2 + \cdots + a_{mn}x_n = b_m \end{cases} \tag{3.22}$$

其中，a_{ij} 是第 i 个方程的第 j 个未知系数的系数，b_i 是第 i 个方程的常数项（$i=1,2,\cdots,m$；$j=1,2,\cdots,n$）。当 $b_i=0$ 全成立时，为齐次线性代数方程组，否则成为非齐次线性代数方程组。

数学上，一个 $m\times n$ 的矩阵是一个由 m 行(row)n 列(column)元素排列成的矩形阵列。其元素不局限于数值，也可以是符号或数学式。

$$\boldsymbol{A} = \begin{bmatrix} a_{11} & a_{12} & \cdots & a_{1n} \\ a_{21} & a_{22} & \cdots & a_{2n} \\ \vdots & \vdots & \ddots & \vdots \\ a_{m1} & a_{m2} & \cdots & a_{mn} \end{bmatrix} \tag{3.23}$$

当 $m=n$ 时，称为方阵。式(3.22)可以写成 $\boldsymbol{Ax}=\boldsymbol{b}$ 的形式，其中 $\boldsymbol{A}\in\mathbb{R}^{m\times n}$。

在 NumPy 模块中，命令 mat(matrices)仅支持二维，命令 array 支持多维。array 包含 mat，因此后者具有前者所有的特性，建议在进行矩阵(数组)计算时，尽量不要混合使用，不然易导致错误。下面简要看下命令。

```
In [1]: from numpy import mat, array
#定义数组
In [2]: x_arr = array([[1,2,3], [2,5,7]])
In [3]: y_arr = array([[1,1,1], [2,2,2], [3,3,3]])
#数组转换为矩阵
In [4]: x_mat = mat(x_arr)
In [5]: y_mat = mat(y_arr)
#数据类型
```

```
In [7]: type(x_arr)
Out[7]: numpy.ndarray
In [8]: type(x_mat)
Out[8]: numpy.matrixlib.defmatrix.matrix
#乘法
#数组对应元素相乘
In [9]: x_arr * x_arr
Out[9]:
array([[ 1, 4, 9],
       [ 4, 25, 49]])
#矩阵乘法
In [11]: x_mat * x_mat.T
Out[11]:
matrix([[14, 33],
        [33, 78]])
```

显然,array 和 mat 之间进行转换非常简单。读者可能会提出到底用哪种类型计算好的问题,笔者认为这与解决问题有关。若问题是二维的,并且涉及矩阵的运算法则,则采用 mat 类型。在往后的学习中经常会使用 Python 的标准库(比如 NumPy 和 SciPy),原因主要有两点:

- 本书重点在于通过数据科学的算法解决实际问题;
- Python 的标准库在数值计算中,其执行效率通常高于自编的代码,毕竟很多标准库是基于 C++或 FORTRAN 开发的;
- 充分利用现有的"轮子",也是一种明智的方法。

下面通过在 Jupyter Notebook(或 IPython3)交互环境下举例说明。首先给出求解行列式的 det 自定义函数。

```
import numpy as np
def det(data):
    '''
    求解行列式函数, 通过代数余子式的方法实现
    :param data: list or tuple
    :return: 计算行列式
    '''
    if len(data) <= 0:
        return None
    m, n = np.array(data).shape
    if m != n:
        raise "m must be equal n!"
    elif len(data) == 1:
        return data[0][0]
    else:
        result = 0
        for i in range(len(data)):
            n = [[row[a] for a in range(len(data)) if a != i] for row in data[1:]]
            result += data[0][i] * det(n) * (-1) ** (i % 2)
        return result
```

在交互环境下的实验结果如下：

```
In [43]: data_list = [[1, 2, 3],[2, 4, 8],[3, 4, 5]]
In [44]: data = np.array(data_list)
#调用 NumPy 库
In [45]: %timeit np.linalg.det(data)
10.9 µs ± 200 ns per loop (mean ± std. dev. of 7 runs, 100000 loops each)
#自定义函数
In [48]: %timeit det(data)
68.7 µs ± 2.38 µs per loop (mean ± std. dev. of 7 runs, 10000 loops each)
```

在求解给定行列式时，通过实验不难发现自定义函数花费的时间是标准库的 6.30 倍。关于矩阵的一系列运算的函数大多数都封存在 numpy.linalg 和 scipy.linalg 中，但是 scipy.linalg 包含 numpy.linalg 中的所有函数，另外还有一些不在 numpy.linalg 中的高级函数，读者可以通过官方文档学习。

3.5.2 特征值和特征向量

对于矩阵 $\boldsymbol{A}$，若存在标量 λ 和向量 x，使得

$$\boldsymbol{A}\boldsymbol{x} = \lambda \boldsymbol{x} \tag{3.24}$$

式中，λ 为特征值，$\boldsymbol{x}$ 为特征向量。

特征值和特征向量是非常重要的概念，在控制系统、图片压缩、因子分析、主成分分析、振动分析和应力张量等方面都有广泛的应用，后面的章节中还会多次使用。

通过 NumPy 模块求解矩阵的特征值和特征向量，其代码如下所示。

```
Out[49]: A
    matrix([[14, 33],
            [33, 78]])
In [50]: eig, eig_vec = np.linalg.eig(A)
#特征值
In [51]: eig
Out[51]: array([11.43039223, -0.31324931, -1.11714292])
#特征向量
In [52]: eig_vec
Out[52]:
matrix([[-0.31402229, -0.53730604, 0.05022683],
        [-0.73351464, 0.79114333, -0.84699731],
        [-0.60278211, -0.29222329, 0.52921908]])
```

不难发现输出的特征值数据类型是数值，特征向量是矩阵格式，并且特征值和特征向量是对应关系，比如特征值为 11.43039223，其对应的特征向量为[－0.31402229，－0.73351464，－0.60278211]。读者可以进行实践和验证。

3.5.3 多重共线性

多重共线性是指线性回归模型中的特征(自变量)之间存在某种相关或者高度相关的关系,这种现象会致使模型估计失真或难以估计准确。通常这种相关是指线性相关性,即存在某个特征可以被其他特征(可能多个)组成的线性组合来解释。统计学中,若构建多重共线性回归模型时,即将所有特征(自变量)进行考虑回归(拟合)时,将会导致方程估计的偏回归系数明显与常识不相符,最终导致模型不具有合理性和科学性。

1. 诊断方式

关于多重共线性问题,本书介绍两种常见的诊断方法。

- 计算特征(自变量)两两之间的相关系数(见式(3.13)),通常相关性系数 $\rho>0.7$ 时可考虑特征间存在多重共线性;
- 共线性诊断统计量,即容忍度(tolerance)和 VIF(方差膨胀因子)。通常 tolerance <0.2 或 VIF>5 时可考虑特征间存在多重共线性。

其中,容忍度是 1 减去指定自变量的值,为因变量,其他自变量为自变量的线性回归的决定系数 R^2 的剩余值($1-R^2$)。显然,容忍度越小,共线性越严重。方差膨胀是容忍度的倒数。

注: 决定系数 R^2 用于检验回归方程对给定数据的拟合程度,其值在[0,1]区间内,R^2 越大,说明拟合效果越好。

2. 解决方法

待诊断存在多重共线后,就需要考虑如何解决多重共线性问题而构建合理的回归函数。笔者几年前接触 SPSS 时发现共提供了 5 种解决方案。由于篇幅所限,这里只扼要说明这 5 种方案。

- 进入法(enter),即人为选定特征(需要一定的经验和定性分析)强行导入模型进行拟合;
- 移除法(remove),即先通过进入法构建拟合函数,然后人为移除选定特征(自变量)再进行回归(拟合),也可与其他方法相结合使用;
- 前进法(forward section),即逐个导入特征(自变量)来构建模型的一种方式;
- 后退法(backward elimination),与前进法相反,先将全部特征值添加到模型中,再逐一剔除特征的方式构建模型;
- 逐步回归法(stepwise),建立在前进法和后退法基础上,其过程反复进行,直到没有不显著的自变量引入回归方程为止。

逐步回归法是一个经典的排除多重共线性的方法。除此之外还有差分法,其主要用于处理时间序列数据。另外还有一个非常有名的方法:岭回归法(ridge regression)。

定义 3.5 岭回归

现有一个 m 行 n 列的线性方程组 $\boldsymbol{Ax}=\boldsymbol{y}$(如式(3.22)),构建 m 个方程 $\hat{y}=\theta_0+\theta_1 x_1+\theta_2 x_2+\cdots+\theta_n x_n(i=1,2,3,\cdots,m)$,也就是说用 $\hat{y}$ 来近似代替 y_i,则岭回归的损失函

数为：

$$J(\theta)=\frac{1}{2m}\sum_{i=1}^{m}(\hat{y}_i-y_i)^2+\lambda\sum_{j=1}^{n}\theta_j^2 \tag{3.25}$$

其中，λ 称为正则化参数。若 λ 选取过大，会将参数 θ 最小化导致模型欠拟合；若 λ 选取过小会致使过拟合问题。问题的难度在于 λ 的合理选取。

除此之外，还有一个非常有名的 Lasso 回归，两者的区别在于惩罚项的范数不一样，读者若感兴趣可通过文献[28]进行学习，其算法均可以通过模块 sklearn 实现，这里不再赘述。

3.6 学生基本信息实例

1. 探索性分析

描述性分析是作为数据分析工作者必须具备的技能，可将其归属为探索性分析，读者可以通过描述性分析的结果对面对的问题有一定的认识，为进一步分析起到一定的指导性作用。下面给出一组数据，含有 40 个样本，5 个维度（姓名、年龄、性别、身高和体重），如表 3.2 所示。①

表 3.2 某学校某班学生的基本信息

序号	姓　名	年龄	性别	体重	身高	序号	姓　名	年龄	性别	体重	身高
0	KATIE	12	F	59	95	20	FREDERICK	14	M	63	93
1	LOUISE	12	F	61	123	21	ALFRED	14	M	64	99
2	JANE	12	F	55	74	22	HENRY	14	M	65	119
3	JACLYN	12	F	66	145	23	LEWIS	14	M	64	92
4	LILLIE	12	F	52	64	24	EDWARD	14	M	68	112
5	TIM	12	M	60	84	25	CHRIS	14	M	64	99
6	JAMES	12	M	61	128	26	JEFFREY	14	M	69	113
7	ROBERT	12	M	51	79	27	MARY	15	F	62	92
8	BARBARA	13	F	60	112	28	AMY	15	F	64	112
9	ALICE	13	F	61	107	29	ROBERT	15	M	67	128
10	SUSAN	13	F	56	67	30	WILLIAM	15	M	65	111
11	JOHN	13	M	65	98	31	CLAY	15	M	66	105
12	JOE	13	M	63	105	32	MARK	15	M	62	104
13	MICHAEL	13	M	58	95	33	DANNY	15	M	66	106
14	DAVID	13	M	59	79	34	MARTHA	16	F	65	112
15	JUDY	14	F	61	81	35	MARION	16	F	60	115
16	ELIZABETH	14	F	62	91	36	PHILLIP	16	M	68	128
17	LESLIE	14	F	65	142	37	LINDA	17	F	62	116
18	CAROL	14	F	63	84	38	KIRK	17	M	68	134
19	PATTY	14	F	62	85	39	LAWRENCE	17	M	70	172

① 数据源于 JMP 软件的内置数据集（Big Class 数据）。

数据中的姓名和性别的数据类型是分类数据，其他为数值数据。不妨对年龄、身高和体重进行描述性分析。

```
import numpy as np
import pandas as pd
#数据路径
path = "./data/Big Class.xls"
#读取 xls 数据
data_df = pd.read_excel(path)
data_df[['年龄', '身高', '体重']].describe()
```

其结果如表 3.3 所示。

表 3.3 某学校学生的基本信息

计量	年 龄	身 高	体 重
count	40.000000	40.000000	40.000000
mean	13.975000	105.000000	62.550000
std	1.476092	22.201871	4.242338
min	12.000000	64.000000	51.000000
25%	13.000000	91.750000	60.750000
50%	14.000000	105.000000	63.000000
75%	15.000000	115.250000	65.000000
max	17.000000	172.000000	70.000000

对于表 3.3，通过一行命令即可得到多个基本统计量：总数(count)、均值(mean)、标准差(std)、最小值(min)、25%(四分之一分位数)、50%(二分之一分位数，即中位数)、75%(四分之三分位数)和最大值(max)。数据量(即总数)均为 40，说明不存在缺失值；年龄最小值为 12，最大为 17，极差为 5，50%为 14，与均值(13.975)差异不大。同样，还可以得到身高和体重的相关数据。

以性别为维度分组进行描述性分析，如表 3.4 所示。

表 3.4 不同性别学生的基本信息

统计量	性别	年龄	身高	体重	统计量	性别	年龄	身高	体重
count	F	18.000000	18.000000	18.000000	count	M	22.000000	22.000000	22.000000
mean	F	13.777778	100.944444	60.888889	mean	M	14.136364	108.318182	63.909091
std	F	1.555089	23.435700	3.611890	std	M	1.424127	21.099281	4.308453
min	F	12.000000	64.000000	52.000000	min	M	12.000000	79.000000	51.000000
25%	F	12.250000	84.250000	60.000000	25%	M	13.000000	95.750000	62.250000
50%	F	14.000000	101.000000	61.500000	50%	M	14.000000	105.000000	64.500000
75%	F	14.750000	114.250000	62.750000	75%	M	15.000000	117.500000	66.750000
max	F	17.000000	145.000000	66.000000	max	M	17.000000	172.000000	70.000000

下面对 3 个特征(维度)作出箱形图(box plot)。由于 Matplotlib 模块在 Mac OS 系统下不能正常显示中文,笔者这里提供一种简单方法。在 Jupyter Notebook 环境下进行作图,箱形图如图 3.3 所示。

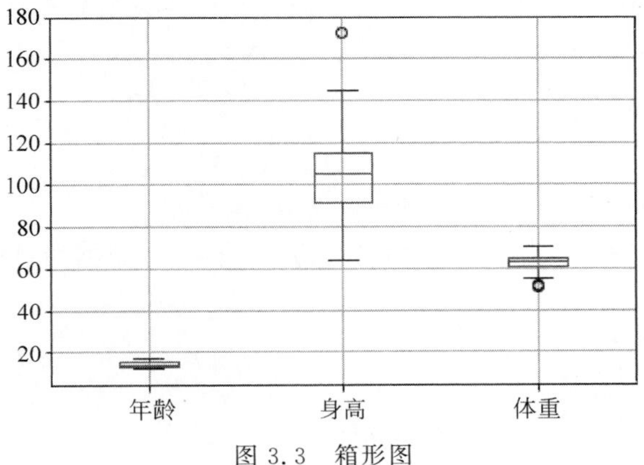

图 3.3　箱形图

通过箱形图的结果,年龄集中趋势最为明显,体重集中度最差,身高次之。体重和身高存在异常值,下面只针对身高进行箱形图分析,如图 3.4 所示。

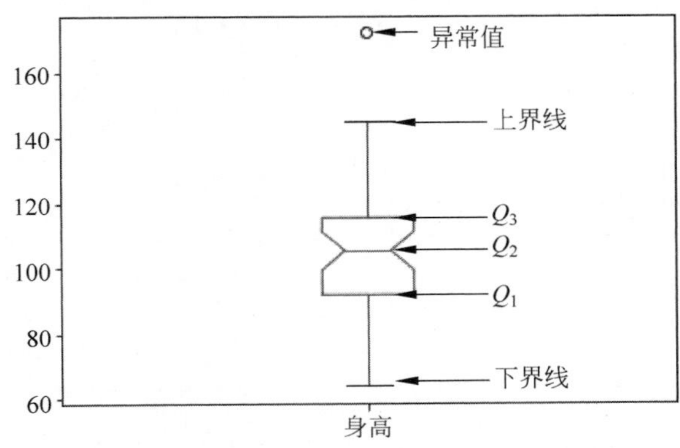

图 3.4　身高箱形图

图 3.3 的代码如下所示。

```
import matplotlib.pyplot as plt
#内置显示图片
%matplotlib inline
#中文配置
plt.rcParams['font.sans-serif'] = ['SimHei']
plt.rcParams['axes.unicode_minus'] = False
#箱形图
data_df[['年龄','身高','体重']].boxplot()
#保存图片 png 在当前工作路径下
plt.savefig("boxplot.png")
```

四分位数在统计学中是一个较为重要的统计量，它可以用于识别异常值。对异常值进行检查常用 Turkey's test 方法。

定义 3.6　Turkey's test 方法

取一个常数 k（通常为 1.5 或 3），数据 x 的四分之一分位数为 Q_1，四分之三分位数为 Q_3，对于值 $x_i \in x$，有

$$x_i^{异常} = \begin{cases} x_i < Q_1 - k(Q_3 - Q_1) \\ x_i > Q_3 + k(Q_3 - Q_1) \end{cases} \tag{3.26}$$

其中，$k=1.5$ 称为中度异常值，$k=3$ 称为极度异常值。

下面是身高箱形图的作图代码，作为数据科学研究者，数据的可视化是非常重要的。

```
high_df = data_df[['身高']]
#标注内容及坐标
content_dict = {
    '异常值': [[1, 172], [1.1, 170]],
    '上界线': [[1.03, 144], [1.2, 144]],
    '下界线': [[1.03, 65], [1.2, 65]],
    '$Q_{2}$': [[1.03, 105], [1.2, 105]],
    '$Q_{1}$': [[1.03, 91.75], [1.2, 91.75]],
    '$Q_{3}$': [[1.03, 115.25], [1.2, 115.25]]}
#notch: 凹口,whis:1.5 倍四分位差
high_df.boxplot(notch=True, whis=1.5)
plt.grid()
#添加标签内容
for key, value in content_dict.items():
    plt.annotate(r'{}'.format(key), xy=tuple(value[0]), xytext=tuple(value[1]),
                                   color='#090909', arrowprops=
                                   dict(arrowstyle='->',connectionstyle=
                                   'arc3, rad=0.1', color='red'))
```

通过箱形图不难发现身高和体重两个指标存在异常值的情况，现在将其找出，如表 3.5 所示。

表 3.5　异常样本量

序号	姓　名	年龄	性别	体重	身高
4	LILLIE	12	F	52	64
7	ROBERT	12	M	51	79
39	LAWRENCE	17	M	70	172

现在分析异常值，通过表 3.5 的描述性分析结果不难发现，数据中年龄最小的为 12 岁，最大的为 17 岁，而 3 个异常数据中的年龄属于最小和最大情况，通过定性分析不难发现，通常身高和体重随年龄的增加而增加，待成年后趋于平稳。因此无法判断出这 3 个异常值是异常的。因此需要进一步对数据进行分析。

下面通过 pandas 和 Matplotlib 模块对特征性别、年龄、身高和体重进行条形图（分类

数据)和直方图(数值数据)绘图,首先需要对性别进行数值化处理。

```
#1: 男 2: 女
data_df['性别_数值'] = data_df['性别'].map(lambda x: 1 if x == 'M' else 2)
#直方图条形图
data_df[['性别_数值','年龄','体重','身高']].hist(figsize = (6,6))
```

其结果如图 3.5 所示。

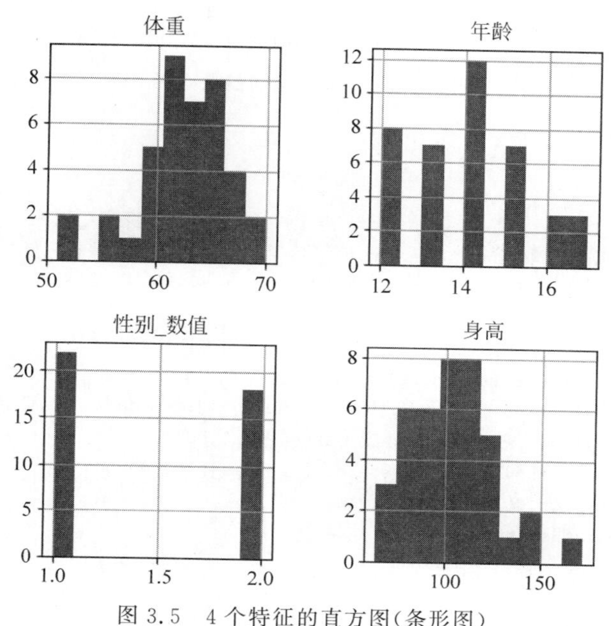

图 3.5 4 个特征的直方图(条形图)

下面计算年龄、身高和体重之间的相关性系数,结果如表 3.6 所示。

表 3.6 年龄,身高和体重之间的相关性系数

	年 龄	身 高	体 重
年龄	1.000000	0.463185	0.608260
身高	0.463185	1.000000	0.709167
体重	0.608260	0.709167	1.000000

不难看出,年龄与体重之间的相关系数为 0.608260(显著线性相关),与身高之间的相关系数为 0.463185(显著线性相关),身高与体重之间的相关系数为 0.709167(高度线性相关)。下面对年龄、身高和体重两两之间制作散点图,如图 3.6 所示。

按照性别进行分类,暂不关心哪些点是男(女)。在图 3.6 中,年龄与身高的点较分散,与体重的点也较为分散,但整体而言,身高和体重都随年龄的增长而增大,符合常识并满足正相关性的结果。体重与身高之间的相关系数为 0.709167,趋势上更为明显。其代码如下所示。

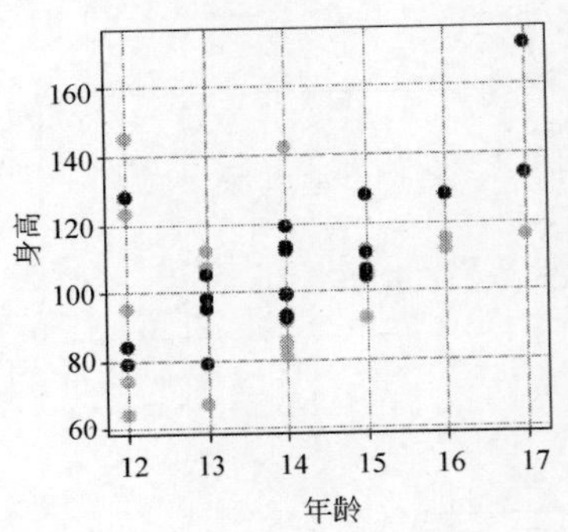

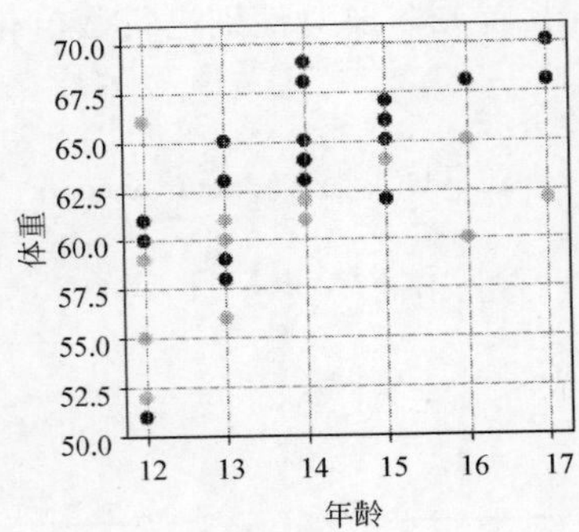

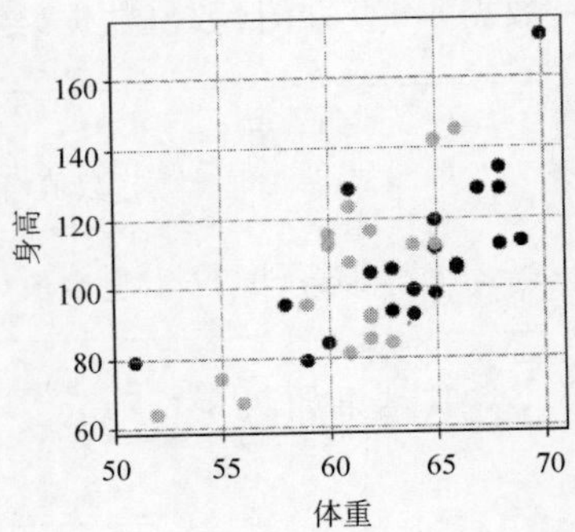

图 3.6　3 个变量之间的散点图

```
#复制
scatter_dict = {
    0:[['年龄', '身高'], [data_df['年龄'], data_df['身高']]],
    1:[['年龄', '体重'], [data_df['年龄'], data_df['体重']]],
    2:[['体重', '身高'], [ data_df['体重'], data_df['身高']]],}
#散点图
fig, axes = plt.subplots(1, 3, figsize = (14, 4))
for key, value in scatter_dict.items():
    axes[key].scatter(value[1][0], value[1][1], c = data_df['性别_数值'])
    axes[key].set_xlabel('{}'.format(value[0][0]))
    axes[key].set_ylabel('{}'.format(value[0][-1]))
    axes[key].grid(True, linestyle = '-.')
#plt.savefig("scatter.png")
```

2. 最小二乘法

对以上问题再深入探讨，先引入以下概念。

定义 3.7　最小二乘法

由于线性方程组(见式(3.22))可以写成 $\boldsymbol{A}\boldsymbol{x}=\boldsymbol{b}$ 的形式，现考虑最小二乘问题。

$$\min_{x\in\mathbb{R}^n} \|\boldsymbol{A}\boldsymbol{x}-\boldsymbol{b}\|_2^2 \tag{3.27}$$

其中，$\boldsymbol{A}\in\mathbb{R}^{m\times n}$，$\boldsymbol{b}\in\mathbb{R}^m$。

- 当 $m=n$ 时，且 $\boldsymbol{A}$ 非奇异，即为一个线性方程组，解为 $\boldsymbol{x}=\boldsymbol{A}^{-1}\boldsymbol{b}$；
- 当 $m>n$ 时，约束个数大于未知量个数，此时称问题为超定的(overde-termined)；
- 当 $m<n$ 时，未知量个数大于约束个数，此时称问题为欠定的(underde-termined)。

本书主要讨论超定的最小二乘问题。当 $m>n$ 时，线性方程组 $\boldsymbol{A}\boldsymbol{x}=\boldsymbol{b}$ 的解可能不存在，这时一般考虑求最小二乘法问题。记为：

$$J(\boldsymbol{x})=\|\boldsymbol{A}\boldsymbol{x}-\boldsymbol{b}\|_2^2 \tag{3.28}$$

显然，$J(\boldsymbol{x})$ 是关于 $\boldsymbol{x}$ 的二次函数，而且是凸函数(Hessen 阵半正定)。$\boldsymbol{x}$ 是问题(见式(3.27))的解当且仅当 $\boldsymbol{x}$ 是 $J(\boldsymbol{x})$ 的稳定点(但解可能不唯一)。令其一阶导数为 0，即

$$\boldsymbol{A}^{\mathrm{T}}\boldsymbol{A}\boldsymbol{x}-\boldsymbol{A}^{\mathrm{T}}\boldsymbol{b}=0 \tag{3.29}$$

进而 $\boldsymbol{x}$ 的解为

$$\boldsymbol{x}=(\boldsymbol{A}^{\mathrm{T}}\boldsymbol{A})^{-1}\boldsymbol{A}^{\mathrm{T}}\boldsymbol{b} \tag{3.30}$$

这里需要考虑 $\boldsymbol{A}^{\mathrm{T}}\boldsymbol{A}$ 是否可逆，通常在实际问题中的特征不存在完全正相关时，均存在可逆。当特征之间的线性相关性较强时，需要考虑多重共线性问题。

现在不妨假设身高是年龄和体重的线性组合 $y=a_1x_1+a_2x_2$（x_1 表示年龄，x_2 表示体重），通过式(3.30)求解。其代码如下所示。

```
from numpy import dot, transpose
#自变量,因变量
data_copy_df['constant'] = 1            #常数项
x_arr = data_copy_df[['年龄', '体重']].values
y_arr = data_copy_df[['身高']].values
#(A^{\top} A)^{-1}
left_value = inv(dot(transpose(x_arr), x_arr))
#A^{\top} b
right_value = dot(transpose(x_arr), y_arr)
#系数
coeff_arr = dot(left_value, right_value)
array([[0.44644474],
       [1.58801122]])
```

即 $y=0.44644474x_1+1.58801122x_2$，显然体重对身高的贡献程度最大。若考虑含有常数项，则身高是年龄和体重的线性组合，令 $y=a_1x_1+a_2x_2+\text{constant}$，则计算结果为：

```
array([[ 0.75983085],
[    3.55054442],
[-127.7051895 ]])
```

即 $y=0.75983085x_1+3.55054442x_2-127.7051895$。现在这两种结果哪个更好呢？这就需要一个评判函数，这里通过均方误差来衡量。

定义 3.8　均方误差

对于因变量 y_i，其对应的预测值为 $\hat{y}_i$，有：

$$\text{RMSE}=\sqrt{\frac{1}{m}\sum_{i=1}^{m}(y_i-\hat{y}_i)^2} \tag{3.31}$$

RMSE 就是经常用到的均方误差函数，值越小说明预测值和实际值之间的差异越小。有时候也写成 $\text{RMSE}=\sqrt{\frac{1}{m}\sum_{i=1}^{m}w_i(y_i-\hat{y}_i)^2}$。

通过式(3.31)对考虑含有常数项与不含常数项的线性回归计算，其误差分别为 15.431 和 17.629。似乎说明拟合函数 $y=0.75983085x_1+3.55054442x_2-127.7051895$ 更为合理。事实真是如此吗？结合生物学常识对问题进行全面剖析，这组数据是关于某校未成年学生的数据，身高除了与体重和年龄有关之外，还与性别有关。若读者感兴趣可以进行深入探讨,这里不再深入分析这个问题。

3.7 本章小结

本章主要介绍了部分基本统计量,比如算术平均数、方差、变异系数以及相关系数等。对数据进行分析的前期,会有大量的时间用于数据预处理和数据转换,本章给出了几种常用的数据转换方法,比如中心化、min-max 标准化以及 z-score 标准化等。在多维空间中经常需要计算各种距离,本章介绍了几种常见的距离。针对这些基本概念,通过 Python 来实现其计算过程,最后给出了一个分析实例。数据科学是一门交叉学科,涉及内容非常广泛,如心理学、社会学、数学、物理学和统计学等领域,因此要求从事数据科学的人要不断学习。

第 4 章

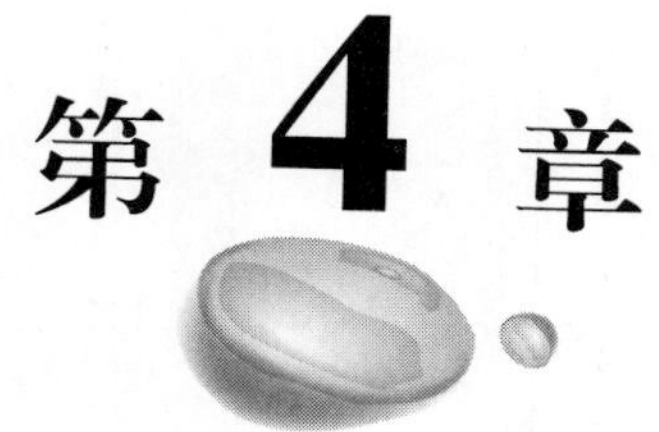

经典算法

算法(algorithm)一词源于花拉子密[①]的一本书：*Algoritmi de numero indorum*(花拉子密的印度计算法)中的 algoritmi(拉丁文)。算法，通俗理解就是计算的方法。比如通常处理一个事件时往往有多种方式去解决，而选择“最佳”的方法是算法的目的。那什么是最佳的呢？例如，想从杭州去西藏旅游，方案有多种：徒步、骑行、自驾游、火车、飞机，或几种方式混搭。现在添加一个要求，就是只要满足时间越短越好的方案，那么就现阶段而言，只有飞机能满足这种要求，因此飞机是最佳的。不过会意识到一个问题，时间越短越好的追求方案是与人类发展进程息息相关的，在古代只有骑马才能满足这种需求，在未来或许飞机也不是最佳方案了。算法也是如此，诸多算法工程师、数学家长期致力于寻找或发现至简至快的算法。

4.1 线性回归

4.1.1 思想方法

介绍线性回归(linear regression)之前，先通过一个数据集来引入问题，这里采用 JMP 软件提供的数据集 Body Fat[②]，当然读者也可以采用其他数据集进行实践。为了便于直观展示，这里给出臀围(cm)与体重(磅)之间的散点图(二维便于观察)，如图 4.1 所示。

图 4.1 的相关代码如下所示。

---

① 他是世界上最早认识到二次方程有两个根的数学家。

② 数据集含有 252 个样本、14 个维度，如体脂肪百分比、年龄、体重、身高、臀围、胸围、腰围等。数据库中体重单位为磅，1 磅=0.453 592 4kg。

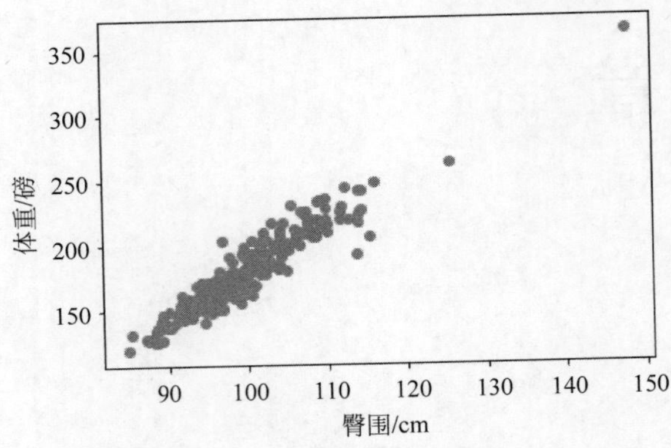

图 4.1 臀围与体重的散点图

```
import pandas as pd
import numpy as np
import matplotlib.pyplot as plt
#xls 格式数据
path = "../chap2/data/Body Fat.xls"
data_df = pd.read_excel(path)
part_data_df = data_df[["臀围/cm","体重/磅"]]
plt.scatter(part_data_df['臀围/cm'], part_data_df['体重/磅'])
plt.xlabel("臀围/cm")
plt.ylabel("体重/磅")
#保存图片为 png 格式
#plt.savefig("linearRegression.png")
```

通过图 4.1 不难发现，自变量 x(臀围)和因变量 y(体重)之间存在较为显著的线性关系(基本在一条直线上)，那么它们之间可以通过线性关系来描述。当然，并非所有数据点完全落在一条直线上，因此变量 x 与变量 y 的关系并没有确切到可以唯一地由一个 x 值确定一个 y 值的程度。造成这种现象的因素有很多，诸如测量误差、其他未知因素的影响等。如果要研究变量 x(自变量)与变量 y(因变量)的关系，可以写成一个线性方程。

$$\hat{y}_i = a + bx_i + \varepsilon_i \tag{4.1}$$

该方程称为回归方程。其中，a 与 b 为待定常数，称为回归系数；$\hat{y}_i$ 是预测值；ε 为扰动项，常称为残差，统计学上通常要求 $E(\varepsilon)=0$。

为了方便起见(可视化)，这里只给出了一个变量(特征)，其实多个特征(暂不考虑多重共线性问题)的性质对于线性回归是一样的。

通过回归方程 $\hat{y}_i = a + bx_i + \varepsilon_i$ 计算得到的 $\hat{y}_i(i=1,2,\cdots,n)$值称为回归值，实际测量值 $y_i(y=(y_1,y_2,\cdots,y_n))$与回归值 $\hat{y}_i$ 之间存在着偏差，将其称为残差，记为 $e_i = y_i - \hat{y}_i$。如此这般，可以通过残差平方和来度量测量值与回归直线的偏差程度。残差平方和定义为：

$$J \equiv J(a,b) = \sum_{i=1}^{n} e_i^2 = \sum_{i=1}^{n} (y_i - a - bx_i)^2 \tag{4.2}$$

根据式(4.2)，只要计算出 a 和 b 使得 J 最小即可，这里通过最小二乘法来求解，即求解的回归函数记为 $\hat{y}=a+bx$。

由式(4.2)可知 J 是关于 a，b 的二次函数，所以它的最小值总是存在的。该方法有时候也被称为损失函数(loss function)或代价函数(cost function)。

对 $J(a,b)$ 中的 a 和 b 求偏导，并令

$$\begin{cases}\dfrac{\partial J}{\partial a}=0\\ \dfrac{\partial J}{\partial b}=0\end{cases} \tag{4.3}$$

则有：

$$\begin{cases}\dfrac{\partial J}{\partial a}=-2\sum(y_i-a-bx_i)=0\\ \dfrac{\partial J}{\partial b}=-2\sum(y_i-a-bx_i)x_i=0\end{cases} \tag{4.4}$$

式(4.4)称为正规方程组。解此方程组，可得：

$$\begin{cases}a=\bar{y}-b\bar{x}\\ b=\dfrac{L_{xy}}{L_{xx}}\end{cases} \tag{4.5}$$

其中，$\bar{x}$ 和 $\bar{y}$ 分别为变量 x、y 的均值；$L_{xy}=\sum(x_i-\bar{x})(y_i-\bar{y})$，称为 xy 的协方差之和；$\boldsymbol{L}_{xx}=\sum(x_i-\bar{x})^2$，称为 x 的平方差之和。

4.1.2　线性回归算法步骤

下面对线性回归的实现做一个总结。

- 通过描述性分析和探索性分析对问题进行深入研究，确定自变量和因变量；
- 根据自变量和因变量构建线性方程 $\hat{y}(\hat{y}=ax+b)$；
- 确定一个损失函数 J，求其偏导，根据数据计算出待定系数；
- 通过模型评估方法验证模型是否合理。

4.1.3　实例

通过以上理论对数据进行计算。

```
x_df = part_data_df[['臀围/cm']].copy()
#添加常数项
x_df['cons'] = 1
#求逆
left_data = np.linalg.inv(np.dot(x_df.T, x_df))
right_data = np.dot(x_df.T, part_data_df['体重/磅'])
a, b = np.dot(left_data, right_data)
```

求得待求系数 $a=3.859795$，$b=-206.68749597$，保留 2 位小数，则拟合函数为 $\hat{y}=$

3.86x−206.69。下面给出其拟合效果，这里先给出其对应的回归直线图，如图4.2所示。

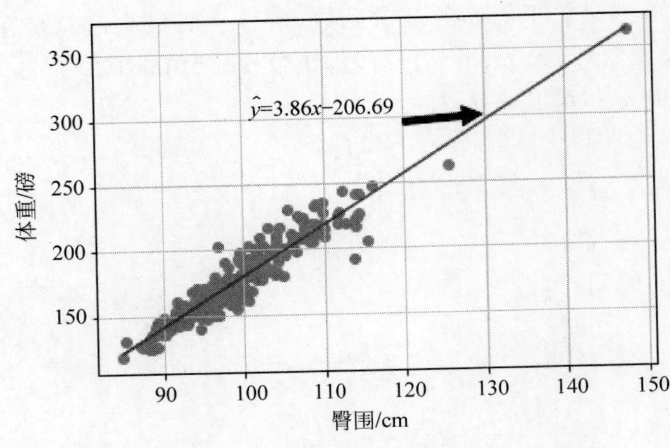

图4.2 回归直线图

实现代码如下所示。

```
y_predict = part_data_df['臀围/cm'] * a + b
y_real = part_data_df['体重/磅']
#残差均值
(y_real - y_predict).mean()
2.5571426593138485e-07
#均方误差
np.sqrt(((y_real - y_predict) ** 2).mean())
9.935177423602909
#回归系数
1 - sum((y_real - y_predict) ** 2) / sum((part_data_df['体重/磅'] -
                                     part_data_df['体重/磅'].sum()) ** 2)

0.9999999510599438
```

通过方差分析(ANOVA)来检验拟合函数的效果。下面给出3个定义函数。

定义4.1 总平方和

针对因变量$Y \in \mathbb{R}^n$，有一数组$y=(y_1,y_2,\cdots,y_i,\cdots,y_n)$，其总平方和为

$$\mathrm{SST}=\sum_{i=1}^{n}(y_i-\overline{y})^2 \tag{4.6}$$

其中，$\overline{y}=\frac{1}{n}\sum_{i=1}^{n}y_i$。

定义4.2 回归平方和

通过拟合函数得到预测值$\hat{y}$，则回归平方和为

$$\mathrm{SSReg}=\sum_{i=1}^{n}(\hat{y}_i-\overline{y})^2 \tag{4.7}$$

其中，$\overline{y}=\frac{1}{n}\sum_{i=1}^{n}y_i$。

定义 4.3 残差平方和

通过拟合函数得到预测值 $\hat{y}$，其残差平方和为

$$\text{SSE}=\sum_{i=1}^{n}(y_i-\hat{y}_i)^2 \tag{4.8}$$

根据公式的性质，希望 SSE 尽量小，但不是说越小越好(尤其在非线性拟合中)。

不难验证总平方和可以写作回归平方和和残差平方和的和。

$$\text{SST}=\text{SSReg}+\text{SSE} \tag{4.9}$$

统计学上常用决定系数 $R^2\in[0,1]$来反映一个回归函数的好坏。

$$R^2=\frac{\text{SSReg}}{\text{SST}}=1-\frac{\text{SSE}}{\text{SST}} \tag{4.10}$$

通过验证结果，针对给定的数据样本，其体重关于臀围的回归函数写成 $\hat{y}=3.86x-206.69$ 时，其回归系数 $R^2=0.99$，残差均值 $E(\varepsilon)\approx 0$。整体而言，其回归效果非常理想(见图 4.2)。

统计学中的模型在结果验证阶段通常采用多种定义方法进行验证，比如线性回归中的方差分析、决定系数以及 F 检验等，毕竟统计学研究的对象是(小)样本数据。在后面的学习中要秉承数值计算、机器学习和深度学习的理念，将数据划分为训练集、验证集和测试集，一般直接划分为训练集和测试集即可。其模型结果的验证则通过测试集做预测并与实际结果相对比，最终通过定义的各种损失函数(选一种即可，要合理)的计算结果大小来判断模型的好坏。在接下来的学习中将通过测试集预测的方式来验证模型的好坏。

关于多元线性回归问题，其实质与线性回归是一致的，读者可以自行实现，这里不再赘述。下面通过 sklearn 模块实现线性回归。

```
#导入模块
from sklearn.linear_model import LinearRegression
linearAlg = LinearRegression()
#reshape 数据转置
linearAlg.fit(part_data_df['臀围/cm'].values.reshape(-1,1), part_data_df['体重/磅'].values.reshape(-1,1))
#输出系数项，常数项
linearAlg.coef_
linearAlg.intercept_
```

通过模块可以方便地求解出线性回归的待定系数，其结果与计算结果一致。Python 作为数据科学、人工智能的首选编程语言很大程度上取决于其强大的模块，在实际问题处理中可以在短时间内就完成所期望的要求。

4.2 逻辑回归

在线性回归模型的评估中主要用了统计学的方差分析和决定系数。在介绍逻辑回归(logistic regression)之前，需要介绍关于模型评估的一些方法。下面针对涉及的分类回

归的模型评估中给出简要阐述。

在评估不同分类模型的性能时,经常用的两个方法是混淆矩阵和增益图。在本书中主要以混淆矩阵为主,混淆矩阵有时被称为分类矩阵,它可以较好地评估模型的预测精度,通俗而言就是检查构建的模型是否在预测时出现明显的错误。不妨以二类模型为例。

对于二分类问题,习惯上会将研究目标视为正例,分类标记为 1;将不是研究目标的视为反例,分类标记为 0。二分类模型的混淆矩阵如表 4.1 所示,二分类指标说明如表 4.2 所示。

表 4.1 二分类模型的混淆矩阵

预测类结果	实际类结果		
	分类=1	分类=0	合　计
分类=1	TP	FN	TP+FN
分类=0	FP	TN	FP+TN
合计	TP+FP	FN+TH	TP+FP+FN+TN

表 4.2 二分类指标说明

指　标	描　述
TP	实际为正例,预测为正例,预测类别与真实类别一致
FN	实际为正例,预测为负例,预测类别与真实类别不同
FP	实际为负例,预测为正例,预测类别与真实类别不同
TN	实际为负例,预测为负例,预测类别与真实类别一致

根据表 4.2 的相关说明给出准确率、精确率(查准率)、召回率(查全率)和 F_1 值。

$$\text{accuracy} = \frac{\text{TP} + \text{TN}}{\text{TP} + \text{FP} + \text{FN} + \text{TN}} \tag{4.11}$$

accuracy 即准确率,是指预测测试集中正确数量在测试集数量中占的比例。该指标是最常用的模型评估函数,但存在一定的问题,主要体现在数据集不平衡时,其性能并不好。举个例子,某地区想通过逻辑回归模型根据收集的数据预测地震,将发生地震视为正例,现在收集了数据量为 100 的测试集,其中 5 个样本的实际类表示发生过地震(正例),95 个样本的实际类表示未发生过地震(负例)。收集的数据中发生过地震的样本占全部数据的比例很小(显而易见)。通过对训练集进行逻辑回归,并构建相应的预测模型。模型预测其混淆矩阵结果如表 4.3 所示。

表 4.3 某地区地震逻辑回归预测分类结果

预测类结果	实际类结果		
	发生地震=1	没有地震=0	合计
发生地震=1	1	4	5
没有地震=0	0	95	95
合　计	1	99	100

通过准确率指标计算其模型的准确率为(1+95)/100×100%=96%。读者不难发现结果看上去还是比较理想的,但是5个正例中仅有一个正确。实际上正例全部判断为正例是最希望得到的,但是这是一项极难的事情,即使出现负例误判成正例和正例全部判断为正例的情况也比现在的模型要好很多,因此还需要考虑其他模型评估指标。

$$\text{precision}=\frac{\text{TP}}{\text{TP}+\text{FP}} \tag{4.12}$$

precision 称为精确率,即实际和预测为正例占预测为正例的比例。

$$\text{recall}=\frac{\text{TP}}{\text{TP}+\text{FN}} \tag{4.13}$$

recall 称为召回率,即实际和预测为正例占实际为正例的比例。再考虑上面的地震例子,显然 precision=100%,recall=25%,通过召回率指标就能体现出上面考虑的问题,也验证了该模型不好。

有没有存在一个函数将以上多个指标都进行考虑的?实际上是存在的,下面直接给出其函数定义。

$$F_\beta=\frac{1+\beta^2}{\dfrac{1}{\text{precision}}+\dfrac{\beta^2}{\text{recall}}} \tag{4.14}$$

其中,F_β 是另一个重要的模型评估指标,$\beta\in(0,\infty)$是人为设定的常数。

- 当 $\beta=1$ 时,即经常遇到的 F_1 值,认为精确率和召回率同等重要;
- 当 $\beta>1$ 时,F_β 认为召回率比精确率更为重要;
- 当 $\beta<1$ 时,F_β 认为精确率比召回率更为重要。

另外,ROC 曲线和 AUC 值也是评估模型好坏的一种方式。AUC(area under curve)表示曲线下面与坐标围成的面积,与 ROC(receiver operating characteristic)结合使用。ROC 曲线的横坐标为 FPR(false positive rate),纵坐标为 TPR(true positive rate)。

$$\begin{cases}\text{TPR}=\dfrac{\text{TP}}{\text{TP}+\text{FN}}\\[2ex]\text{FPR}=\dfrac{\text{FP}}{\text{FP}+\text{TN}}\end{cases}$$

不难发现,TPR 在数值上等于召回率,FPR 在数值上等于(1-召回率)。ROC 曲线是通过对分类阈值 $\theta\in[0,1]$取不同值下的结果,可以得到诸多组 TPR 和 FPR,然后将其进行画线就可以得到一条 ROC 曲线。

如何通过 ROC 曲线评估模型的好坏呢?ROC 曲线在图像上越接近坐标(0,1)时,表示模型越好;AUC 越大时,表示模型越好。

4.2.1 算法思想

逻辑回归(logistic regression)是机器学习中的常用模型之一,是一种经典的分类模型。其原理与线性回归相似。

在介绍逻辑回归模型之前,先介绍 sigmoid 函数。

$$g(z)=\frac{1}{1+\mathrm{e}^{-z}} \tag{4.15}$$

这是一个 S 形曲线，即非线性函数，如图 4.3 所示。

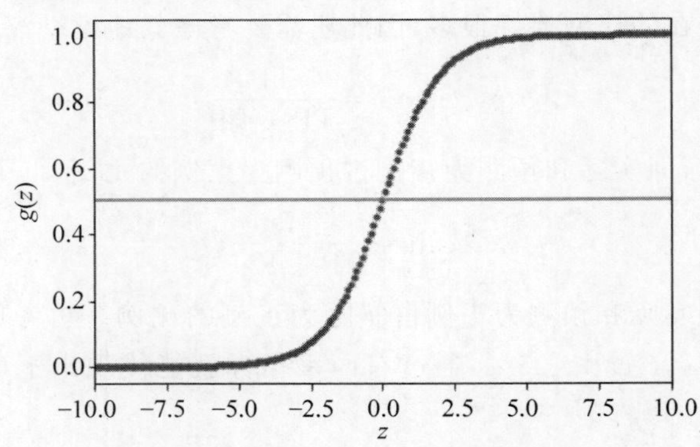

图 4.3 sigmoid 函数图像

关于图 4.3 的生成代码如下所示。

```
#Notebook 环境
import numpy as np
import matplotlib.pyplot as plt
%matplotlib inline
z = np.arange(-10, 10, 0.1)
def g(z):
    return 1 / (1 + np.exp(-z))
g_arr = g(z)
plt.plot(z, g_arr, '.', linewidth=.03)
plt.plot([-10, 10],[0.5,0.5])
plt.xlim([-10, 10])
plt.xlabel('$z$')
plt.ylabel('$g(z)$')
```

若 z 是一个线性回归表达式，即 $z=w_0+w_1x_1+w_2x_2+\cdots+w_nx_n$，其中 $w_0=b$ 也就是常说的常数项，那么 z 可以写成向量的表达形式：

$$z=\boldsymbol{w}^{\mathrm{T}}\boldsymbol{x}+b \tag{4.16}$$

在实际处理中不想另外单独考虑常数项 b，而是将其一并归入 $\boldsymbol{w}$ 中，即单独添加一列元素全为 1 的向量。$\boldsymbol{x}'=(1,\boldsymbol{x})^{\mathrm{T}}$，$\boldsymbol{w}'=(b,\boldsymbol{w})^{\mathrm{T}}$，则线性表达式 z 可表示为：

$$z=\boldsymbol{w}'^{\mathrm{T}}\boldsymbol{x}' \tag{4.17}$$

这是一个预处理过程，读者在做数据集处理阶段就需要考虑是否添加常数项。为了方便起见，本书后面的内容都将 $\boldsymbol{w}$，$\boldsymbol{x}$ 代指 $\boldsymbol{w}'$，$\boldsymbol{x}'$。

这里仅考虑二分类问题，逻辑回归可以处理多类问题(多分类时效果不太好)，但是笔者认为它不是最佳选择。若要通过逻辑回归处理多类问题时，可以先将其转换为一组二分类问题，然后不断地进行二分类来实现多分类问题。读者若感兴趣可以查看 OVA(one vs all)方法，这里不再赘述。

不同于线性回归部分，分类问题的预测结果不是连续数值，而是一个标签数值。逻辑回归的思想就是利用 sigmod 函数表示预测目标（正例）的概率，所以回归模型的表达式为：

$$y=\frac{1}{1+e^{\boldsymbol{w}^{\mathrm{T}}\boldsymbol{x}}} \tag{4.18}$$

不妨假设公式(4.18)的标签值等于 1 的概率是 p，则：

$$P(y=1 \mid x)=\frac{1}{1+e^{-\boldsymbol{w}^{\mathrm{T}}\boldsymbol{x}}}=p \tag{4.19}$$

那么负例的概率则为 $P(y=0|x)=1-p$。

对于第 i 个样本$\{x_i, y_i\}$，其概率为：

$$P(y_i \mid x_i)=p^{y_i}(1-p)^{1-y_i} \tag{4.20}$$

则总体概率可以写成：

$$P=P(y_1 \mid x_1)P(y_2 \mid x_2)\cdots P(y_n \mid x_n)=\prod_{i=1}^{n} p^{y_i}(1-p)^{1-y_i} \tag{4.21}$$

式(4.21)是比较复杂的，以两边取对数进行化简。

$$\begin{aligned} J(\boldsymbol{w}) &= \ln(P)=\ln\left(\prod_{i=1}^{n} p^{y_i}(1-p)^{1-y_i}\right) \\ &= \sum_{i=1}^{n}\ln(p^{y_i}(1-p)^{1-y_i}) \\ &= \sum_{i=1}^{n}(y_i\ln(p)+(1-y_i)\ln(1-p)) \end{aligned} \tag{4.22}$$

其中，$J(\boldsymbol{w})$称为损失函数。该损失函数在判断分类问题时经常被用到，现在的问题是如何求解 $\boldsymbol{w}$。p 的含义是在样本为 $\boldsymbol{x}$ 的条件下，分类结果为 $\boldsymbol{y}$ 的概率。选择 $\boldsymbol{w}$ 会使 p 越大，说明模型对训练集效果越好。即可以通过最大似然估计来确定 $\boldsymbol{w}$，由于 $J(\boldsymbol{w})=\ln(p)$，现在的目的是确定一个 $\boldsymbol{w}^*$ 来使损失函数 $J(\boldsymbol{w})$最小。

$$\boldsymbol{w}^*=\underset{\boldsymbol{w}}{\operatorname{argmax}}\, J(\boldsymbol{w})=-\underset{\boldsymbol{w}}{\operatorname{argmin}}\, J(\boldsymbol{w}) \tag{4.23}$$

对式(4.23)求偏导，则：

$$\begin{aligned} \nabla J(\boldsymbol{w}) &= \nabla\left(\sum_{i=1}^{n}(y_i\ln(p)+(1-y_i)\ln(1-p))\right) \\ &= \sum_{i=1}^{n}\left(\left(y_i\frac{1}{p}p'\right)+(1-y_i)\frac{1}{1-p}(1-p)'\right) \\ &= \sum_{i=1}^{n}(y_i-p)x_i \end{aligned} \tag{4.24}$$

对上式进行整理，其$\nabla J(\boldsymbol{w})$最终表达式为：

$$\nabla J(\boldsymbol{w})=\sum_{i=1}^{n}\left(y_i-\frac{1}{1+e^{-\boldsymbol{w}^{\mathrm{T}}x_i}}\right)x_i \tag{4.25}$$

下面给出求解最小化 $J(\boldsymbol{w})$的迭代格式（梯度下降法）。

$$\boldsymbol{w}_{t+1}=\boldsymbol{w}_t-\eta\,\nabla J(\boldsymbol{w}) \tag{4.26}$$

其中，η 称为步长(可以是一个常数，也可以是一个函数)，有时也被称为学习率，通常 $0<\eta\leqslant 1$，步长取得太大、太小都不好，读者可以通过相关文献研究关于这方面的问题，笔者这里不再额外赘述了。在 sklearn 模块中，是采用梯度下降法来求解待定系数的。

式(4.26)并非唯一的形式，现阶段研究学者已发表很多变型的优化函数。

4.2.2 步骤

- 通过描述性分析和探索性分析对问题进行深入研究，确定自变量和因变量；
- 构建一个合适的预测函数 z，通过探索性分析确定函数 z 是线性函数，还是非线性函数；
- 构建逻辑回归函数 $g(z)$；
- 构建一个损失函数 J，逻辑回归实质上是一个分类问题(不同于最小二乘原理 J)；
- 通过梯度下降法(并非唯一)求解损失函数 J 的系数 $\boldsymbol{w}$。

4.2.3 实例

数据集来源于 kaggle[1] 平台提供的 Graduate Admissions[2]。根据数据，对研究生能否入学进行预测。该数据集有 8 个维度，分别为 GRE Score(GRE 成绩)、TOEFL Score(托福成绩)、University Rating(大学评分)、SOP(目的陈述)、LOR(推荐信强度)、CGPA(本科 GPA)、Research(研究经历)、Chance of Admit(录取概率)。数据集含有两部分，现在将其合并再划分成训练集和测试集。数据读取及预处理代码如下：

```
#读取数据
path = "../dataSets/graduate-admissions/Admission_Predict_Ver1.1.csv"
path1 = "../dataSets/graduate-admissions/Admission_Predict.csv"
data_df = pd.read_csv(path)
data_df1 = pd.read_csv(path1)
#重置索引
data_df.index = data_df['Serial No.']
data_df1.index = data_df1['Serial No.']
#合并数据
part_data_df = data_df[['GRE Score', 'TOEFL Score', 'University Rating', 'SOP',
         'LOR ', 'CGPA', 'Research', 'Chance of Admit ']]
part_data_df1 = data_df1[['GRE Score', 'TOEFL Score', 'University Rating', 'SOP',
         'LOR ', 'CGPA', 'Research', 'Chance of Admit ']]
combine_data_df = pd.concat([part_data_df, part_data_df1], axis=0)
combine_data_df.head(5)
```

① https://www.kaggle.com/mohansacharya/graduate-admissions。

② MOHAN S ACHARYA, ASFIA ARMAAN, ANEETA S ANTONY. A Comparison of Regression Models for Prediction of Graduate Admissions[J]. IEEE International Conference on Computational Intelligence in Data Science, 2019。

为了查看数据的内容，现在输出前 5 个数据集，其结果如表 4.4 所示。

表 4.4　前 5 个数据集

GRE Score	TOEFL Score	University Rating	SOP	LOR	CGPA	Research	Chance of Admit
337	118	4	4.5	4.5	9.65	1	0.92
324	107	4	4.0	4.5	8.87	1	0.76
316	104	3	3.0	3.5	8.00	1	0.72
322	110	3	3.5	2.5	8.67	1	0.80
314	103	2	2.0	3.0	8.21	0	0.65

现在不妨先对各个变量进行相关性分析。这里借助 seaborn 模块进行渲染（美化处理）。

```
import seaborn as sns
fig, axes = plt.subplots(figsize = (7, 6))
sns.heatmap(combine_data_df.corr(), ax = axes, annot = True, fmt = '.2f',
                                    linewidths = 0.03, cmap = "magma")
```

以上代码的运行结果如图 4.4 所示。

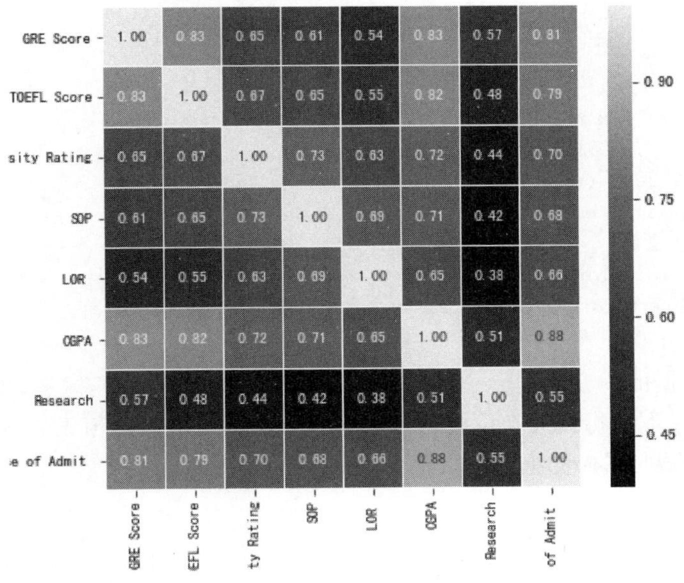

图 4.4　各个变量两两之间的相关性

根据图 4.4 不难发现，GRE Score 与 TOEFL Score 和 CGPA 的相关性最强，相关系数均为 0.83，其次是 Chance of Admit，相关系数为 0.81，也就是说 GRE Score 的值对因变量影响权重很大。同理可以逐一分析各个变量，这里不再一一阐述。

采用留去法（留一法）先对数据进行划分，以 65％的数据作为训练集，35％的数据作为测试集。

```
#载入模块
from sklearn.model_selection import train_test_split
#划分
train_df, test_df = train_test_split(combine_data_df, test_size=0.35, random_state=42)
#训练集以及标签数据
train_value = train_df[[i for i in train_df.columns if i != 'Chance of Admit ']]
train_label = train_df['Chance of Admit ']
#测试集以及标签
test_value = test_df[[i for i in test_df.columns if i != 'Chance of Admit ']]
test_label = test_df['Chance of Admit ']
#数据维度
print(train_value.shape, test_value.shape)
((585, 7), (315, 7))
```

以上代码将数据划分为训练集和测试集。由于数据含有量纲,若直接对其进行实验和使用,易对结果造成不确定影响,因此需要对其标准化。在前面章节介绍了几种常用的数据转换方法,这里采用 min-max 标准化,读者也可通过自定义函数实现。当然这里采用 Python 相关的模块命令实现,这就是为什么 Python 在数据科学方面如此受宠的原因之一。

```
#导入标准化模块
from sklearn.preprocessing import MinMaxScaler
#约束范围为0~1
norm_trans = MinMaxScaler(feature_range=(0, 1))
#数据类型转换成 float64
train_value = train_value.astype('float64')
test_value = test_value.astype('float64')
#标准化操作
train_value_norm = norm_trans.fit_transform(train_value)
test_value_norm = norm_trans.fit_transform(test_value)
```

由于选用数据的因变量 Chance of Admit 并非 0 和 1 的分类标签,因此这里先对其进行二分类操作,不妨将阈值 θ 设置为 0.75,大于或等于阈值的值设置为 1,其他全部为 0,即数据类型变成标签数值化数据。

```
train_label = np.array([1 if i >= 0.75 else 0 for i in train_label.values])
test_label = np.array([1 if i >= 0.75 else 0 for i in test_label.values])
```

现在通过逻辑回归来解决问题,其代码实现如下所示。

```
from sklearn.linear_model import LogisticRegression
#数据
train_x = train_value_norm                  #训练集特征数据
train_y = train_label.reshape(-1,1)         #训练集标签
```

```
test_x = test_value_norm                          #测试集特征数据
test_y = test_label.reshape(-1,1)                 #测试集标签
#逻辑回归
logistic_fit = LogisticRegression()
logistic_fit.fit(X=train_x, y=train_y)
#预测测试集
pred_test_y = logistic_fit.predict(test_x)
```

模型构建完成后，需要对模型的质量进行评估。通常一个模型的好坏可以通过混淆矩阵、准确率、精确率、召回率、F_1 值以及 ROC 曲线进行评估。

```
#混淆矩阵命令
from sklearn.metrics import confusion_matrix
conf_matrix_result = confusion_matrix(pred_test_y, test_y)
fig, axes = plt.subplots(figsize = (5,5))
sns.heatmap(conf_matrix_result,linewidths = 0.2, annot = True, fmt = ".0f",ax = axes)
```

运行以上代码，其结果如图 4.5 所示。

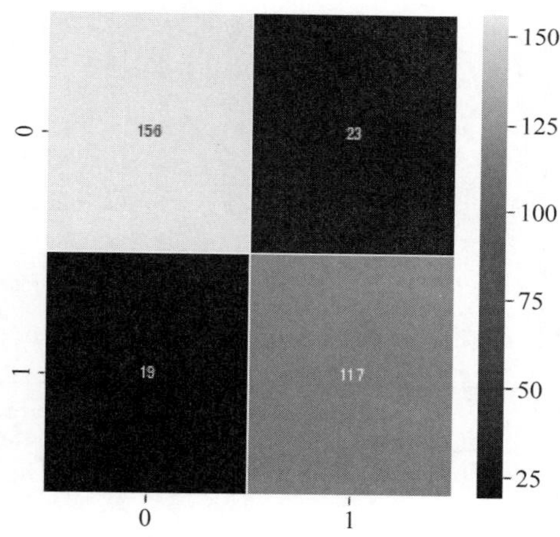

图 4.5　测试集的混淆矩阵结果

这里需要注意一点，即 Python 得到的混淆矩阵与表 4.1 有些不同，主要体现在正例和负例的位置不同。尽管可以通过混淆矩阵来计算准确率、精确率和 F_1 的值，不过这里不再去统计，因为 sklearn 模块含有现成的命令可以直接实现计算。

```
from sklearn.metrics import precision_score, recall_score
from sklearn.metrics import f1_score
#准确率
logistic_fit.score(test_x, test_y)                #0.8666666666666667
#精确率
precision_score(pred_test_y, test_y)              #0.8357142857142857
```

```
#召回率
recall_score(pred_test_y, test_y)                #0.8602941176470589
#F1 值
f1_score(pred_test_y, test_y)                    #0.8478260869565217
```

该模型的各项评估指标都在80%以上,说明该模型的结果不错。下面通过 sklearn 模块实现 ROC 曲线和 AUC 值。

```
#模块
from sklearn.metrics import roc_curve, roc_auc_score
#正例为1, 因此 pos_label = 1
fpr, tpr, thresholds = roc_curve(pred_test_y, test_y, pos_label = 1)
train_probs = logistic_fit.predict_proba(test_x)[:,1]
test_probs = logistic_fit.predict_proba(test_x)[:,1]
#计算 AUC
auc_test = roc_auc_score(test_y, test_probs)
#计算 ROC 曲线
fpr, tpr, thresholds = roc_curve(test_y, test_probs, pos_label=1)
plt.plot(fpr, tpr, color='red')
plt.plot([0, 1], [0,1], color='navy', linestyle='--')
plt.xlim([0.0, 1.0])
plt.ylim([0.0, 1.08])
plt.xlabel("FPR")
plt.ylabel("TPR")
plt.annotate(xy=(.4, .2),xytext=(.5,.2),s='ROC curve (area = %0.2f)' % auc_
test)
```

执行以上代码可以得到如图 4.6 所示的结果。

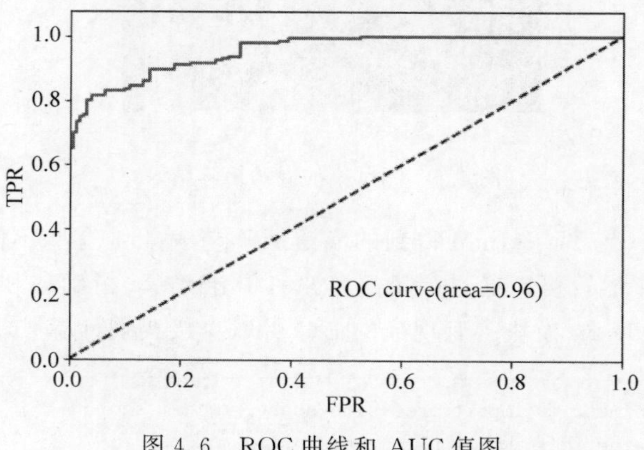

图 4.6 ROC 曲线和 AUC 值图

通过图 4.6 不难发现,ROC 曲线和 AUC 值都反映出该模型还是不错的。那么模型的具体表达式是多少呢?需要得到其训练系数。

```
#回归系数
coefs = logistic_fit.coef_
#截距 b
intercept = logistic_fit.intercept_
print(coefs, intercept)
[[2.23055351 1.76312324 1.29828141 1.08326595 0.74503057 3.06516956
0.92578034]] [-6.49342414]
```

线性部分，$z=2.23055351\times \text{GREScore}+1.7631232\times \text{TOEFLScore}+1.29828141\times \text{UniversityRating}+1.08326595\times \text{SOP}+0.74503057\times \text{LOR}+3.06516956\times \text{CGPA}+0.92578034\times \text{Research}-6.49342414$，其模型为：

$$h(z)=\frac{1}{1+e^{-z}} \tag{4.27}$$

在模型的线性部分，不难发现 CGPA 的贡献程度最大，其次是 GRE Score，第三是 TOEFL Score，贡献程度最小的是 LOR，这与实际情况相符。

```
test_value1 = test_x * np.array([2.23055351, 1.76312324, 1.29828141, 1.08326595,
                                0.74503057, 3.06516956, 0.92578034])
#添加常数项
test_value1 = np.concatenate((test_value1, np.ones(test_x.shape[0]).reshape(-1,
                                1) * -6.49342414), axis=1)
#验证结果
validation_result = 1 / (1 + np.exp(-1 * test_value1.sum(axis=1)))
#模型默认阈值为 0.5
validation_result_norm = np.array([1 if i >= 0.5 else 0 for i in validation_result])
#验证与模型一致
pred_test_y.all() == validation_result_norm.all()            #返回 True
```

4.3 主成分分析

4.3.1 算法思想

视频讲解

主成分分析(principal components analysis，PCA)由英国数学家、自由思想家和统计学家卡尔·皮尔逊(Karl Pearson，1857—1936)于 1901 年提出，也称为 Karhunen-Loeve 变换，是日常工作中最常用的降维方法之一。根据维基百科的定义，PCA 的数学定义是：通过一个正交化线性变换，把数据变换到一个新的坐标系统中，使得这一数据的任何投影的第一大方差在第一个坐标(称为第一主成分)上，第二大方差在第二个坐标(第二主成分)上，以此类推[①]。也就是说，PCA 本质上是将方差最大的方向作为主要特征，并且满足特征在不同正交方向上没有相关性。

① https://zh.wikipedia.org/wiki。

很多读者可能依然无法理解,这里以通俗的语言重述一下。主成分的本意是将一个高维度向量 $\boldsymbol{x}$,通过一个特殊的特征矩阵 $\boldsymbol{U}$,投影到一个低维度的向量空间中,其低维向量不妨记为 $\boldsymbol{y}$,向量 $\boldsymbol{y}$ 相比于向量 $\boldsymbol{x}$,仅损失了部分次要信息,也就是无关紧要的信息,可以用向量 $\boldsymbol{y}$ 代替向量 $\boldsymbol{x}$。但是如何找到这个特征向量矩阵 $\boldsymbol{U}$ 呢?为了形象描述主成分的核心思想,先考虑二维的情况。这里引入线性回归中的图(见图 4.1),并通过 Python 对其稍作处理,如图 4.7 所示。

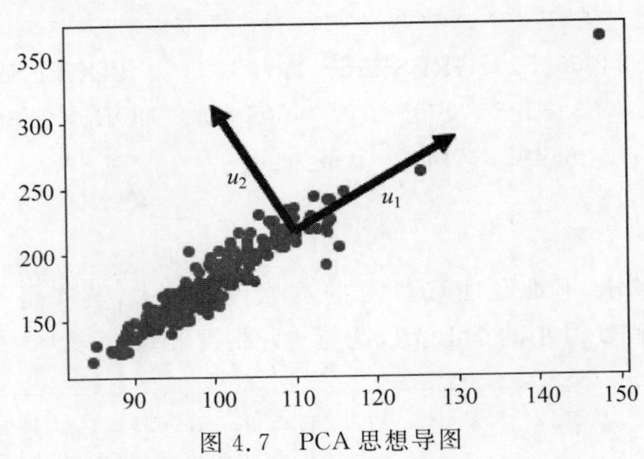

图 4.7 PCA 思想导图

图 4.7 的 Python 代码如下所示。

```
plt.scatter(part_data_df['臀围/cm'], part_data_df['体重/磅'], c='red')
plt.annotate("",xy=(130, 288.6), xytext=(110, 217), arrowprops=dict(facecolor=
                                'blue', shrink=0.001), fontsize=20)
plt.text(120, 230, "$u_{1}$", fontsize=20)
plt.annotate("",xy=(100, 314), xytext=(110, 217), arrowprops=dict(facecolor=
                                'blue', shrink=0.001), fontsize=20)
plt.text(100, 250, "$u_{2}$", fontsize=20)
```

如图 4.7 所示,若要将二维数组降到(投影)一维上,那么 $u_i(i=1,2)$ 哪个好呢?研究工作者认为 u_1 较好,其理由有两方面:

- 数据到 u_1 方向上直线的距离相比于 u_2 更近;
- 数据到 u_1 上的投影尽可能分开。

当推广到高维空间时,就是想法使得数据到超平面的距离足够近,或满足其在超平面上的投影尽可能分开。因此产出了两种 PCA 推导形式:基于最小距离和基于最大方差。

定义 4.4 数据集矩阵化

设样本量大小为 m,特征(维度)为 n 的矩阵(数据集)如下所示。

$$
\begin{array}{c} \\ x_1 \\ x_2 \\ \vdots \\ x_m \end{array}
\begin{array}{c} \begin{array}{cccc} d_1 & d_2 & \cdots & d_n \end{array} \\ \begin{bmatrix} x_{11} & x_{12} & \cdots & x_{1n} \\ x_{21} & x_{22} & \cdots & x_{2n} \\ \vdots & \vdots & \ddots & \vdots \\ x_{m1} & x_{m2} & \cdots & x_{mn} \end{bmatrix} \end{array}
\tag{4.28}
$$

其中，x_i 代表第 i 个样本，d_j 代表第 j 个特征，$x_{ij} \in R$ 表示第 i 个样本的第 j 个特征（维度）的数值大小（$i=1,2,\cdots,m$；$j=1,2,\cdots,n$）。

其矩阵形式如下所示。

$$\boldsymbol{A}=\begin{pmatrix} x_{11} & x_{12} & \cdots & x_{1n} \\ x_{21} & x_{22} & \cdots & x_{2n} \\ \vdots & \vdots & \ddots & \vdots \\ x_{m1} & x_{m2} & \cdots & x_{mn} \end{pmatrix} \tag{4.29}$$

矩阵 $\boldsymbol{A}$ 也可以写成 $\boldsymbol{A}=(x_1,x_2,\cdots,x_m)^{\mathrm{T}}$，$x_i=(x_{i1},x_{i2},\cdots,x_{in})^{\mathrm{T}}$。

1. 基于最小距离

假设新坐标系为 $\boldsymbol{U}_{(n)}=\{\boldsymbol{u}_1,\boldsymbol{u}_2,\cdots,\boldsymbol{u}_n\}$，要求 $\boldsymbol{U}$ 满足：

- $\|\boldsymbol{u}_i\|=1$，其中 $i=1,2,\cdots,n$；
- $\boldsymbol{u}_i^{\mathrm{T}}\boldsymbol{u}_j=0$，其中 $\boldsymbol{i}\neq\boldsymbol{j}$。

显然 $\boldsymbol{U}_{(n)}^{\mathrm{T}}\boldsymbol{U}_{(n)}=\boldsymbol{I}$，$\boldsymbol{I}$ 为单位矩阵。

若将矩阵 $\boldsymbol{A}$ 由 n 维降到 k 维，最简单的方法就是丢掉部分 $\boldsymbol{u}_i$，构成的新坐标系 $\boldsymbol{U}_{(k)}=\{\boldsymbol{u}_1,\boldsymbol{u}_2,\cdots,\boldsymbol{u}_k\}$，显然 $k<n$。给定一个样本 $\boldsymbol{x}_i$，则

$$\boldsymbol{y}_i=\boldsymbol{U}_{(k)}^{\mathrm{T}}\boldsymbol{x}_i \tag{4.30}$$

称 $\boldsymbol{y}_i$ 为样本 $\boldsymbol{x}_i$ 在特征向量空间 $\boldsymbol{U}_{(k)}$ 下的投影。

假设有特征向量空间 $\boldsymbol{U}_{(k)}$ 和投影后样本 $\boldsymbol{y}_i$，那么

$$\bar{\boldsymbol{y}}_i=\boldsymbol{U}_{(k)}\boldsymbol{y}_i \tag{4.31}$$

称 $\bar{\boldsymbol{y}}_i$ 为样本 $\boldsymbol{x}_i$ 的复原样本。

这里需要考虑一个问题，就是如何合理地丢掉部分坐标系，那就需要复原样本与原样本一致或非常接近，需要满足：

$$\min\sum_{i=1}^{m}\|\bar{\boldsymbol{y}}_i-\boldsymbol{x}_i\|_2^2 \tag{4.32}$$

当式(4.32)满足最小化时，即可满足希望的需求。

$$\begin{aligned}
\sum_{i=1}^{m}\|\bar{\boldsymbol{y}}_i-\boldsymbol{x}_{(i)}\|_2^2 &= \sum_{i=1}^{m}\|\boldsymbol{U}_{(k)}\boldsymbol{y}_i-\boldsymbol{x}_i\|_2^2 \\
&= \sum_{i=1}^{m}((\boldsymbol{U}_{(k)}\boldsymbol{y}_i)^{\mathrm{T}}(\boldsymbol{U}_{(k)}\boldsymbol{y}_i)-2(\boldsymbol{U}_{(k)}\boldsymbol{y}_i)^{\mathrm{T}}\boldsymbol{x}_i+\boldsymbol{x}_i^{\mathrm{T}}\boldsymbol{x}_i) \\
&= \sum_{i=1}^{m}(\boldsymbol{y}_i^{\mathrm{T}}\boldsymbol{y}_i-2\boldsymbol{y}_i^{\mathrm{T}}\boldsymbol{y}_i+\boldsymbol{x}_i^{\mathrm{T}}\boldsymbol{x}_i) \\
&= -\sum_{i=1}^{m}\boldsymbol{y}_i^{\mathrm{T}}\boldsymbol{y}_i+\sum_{i=1}^{m}\boldsymbol{x}_i^{\mathrm{T}}\boldsymbol{x}_i \\
&= -\mathrm{tr}\left(\boldsymbol{U}_{(k)}^{\mathrm{T}}\left(\sum_{i=1}^{m}\boldsymbol{x}_i\boldsymbol{x}_i^{\mathrm{T}}\right)\boldsymbol{U}_{(k)}\right)+\sum_{i=1}^{m}\boldsymbol{x}_i^{\mathrm{T}}\boldsymbol{x}_i \\
&= -\mathrm{tr}(\boldsymbol{U}_{(k)}^{\mathrm{T}}\boldsymbol{A}^{\mathrm{T}}\boldsymbol{A}\boldsymbol{U}_{(k)})+\sum_{i=1}^{m}\boldsymbol{x}_i^{\mathrm{T}}\boldsymbol{x}_i
\end{aligned} \tag{4.33}$$

由于 $\sum_{i=1}^{m} \boldsymbol{x}_i^{\mathrm{T}} \boldsymbol{x}_i$ 是一个常数，所以式(4.33)可简化为：

$$\min -\operatorname{tr}(\boldsymbol{U}_{(k)}^{\mathrm{T}} \boldsymbol{A}^{\mathrm{T}} \boldsymbol{A} \boldsymbol{U}_{(k)}) \tag{4.34}$$

利用拉格朗日乘子法引入拉格朗日乘数[①]得：

$$J(\boldsymbol{U}_{(k)}, \boldsymbol{\lambda}) = -\operatorname{tr}(\boldsymbol{U}_{(k)}^{\mathrm{T}} \boldsymbol{A}^{\mathrm{T}} \boldsymbol{A} \boldsymbol{U}_{(k)} + \boldsymbol{\lambda}(\boldsymbol{U}_{(k)}^{\mathrm{T}} \boldsymbol{U}_{(k)} - \boldsymbol{I})) \tag{4.35}$$

对 $\boldsymbol{U}_{(k)}$、$\boldsymbol{\lambda}$ 求偏导，得：

$$\begin{cases} \boldsymbol{A}^{\mathrm{T}} \boldsymbol{A} \boldsymbol{U}_{(k)} - \boldsymbol{\lambda} \boldsymbol{U}_{(k)} = 0 \\ \boldsymbol{U}_{(k)}^{\mathrm{T}} \boldsymbol{U}_{(k)} - \boldsymbol{I} = 0 \end{cases}$$

显然，解 $\boldsymbol{U}_{(k)}$ 是矩阵 $\boldsymbol{A}^{\mathrm{T}}\boldsymbol{A}$ 的特征向量构建的矩阵，$\boldsymbol{\lambda}$ 为矩阵 $\boldsymbol{A}^{\mathrm{T}}\boldsymbol{A}$ 的特征值组成的对角矩阵。

2. 基于最大方差

给定一个样本 $\boldsymbol{x}_i$，则在新坐标系中的投影为 $\boldsymbol{U}_{(k)}^{\mathrm{T}} \boldsymbol{x}_i$，那么其在新坐标系的投影方差为 $\boldsymbol{U}_{(k)}^{\mathrm{T}} \boldsymbol{x}_i \boldsymbol{x}_i^{\mathrm{T}} \boldsymbol{U}_{(k)}$。若要满足所有样本在新坐标系下的投影方差和最大，即

$$\max \sum_{i=1}^{m} \boldsymbol{U}_{(k)}^{\mathrm{T}} \boldsymbol{x}_i \boldsymbol{x}_i^{\mathrm{T}} \boldsymbol{U}_{(k)} \tag{4.36}$$

显然与基于最小距离仅差一个符号而已。其拉格朗日乘数求偏导为

$$\begin{cases} \boldsymbol{A}^{\mathrm{T}} \boldsymbol{A} \boldsymbol{U}_{(k)} + \boldsymbol{\lambda} \boldsymbol{U}_{(k)} = 0 \\ \boldsymbol{U}_{(k)}^{\mathrm{T}} \boldsymbol{U}_{(k)} - \boldsymbol{I} = 0 \end{cases}$$

在取前 k 个特征向量构成的特征向量空间代替原空间时，PCA 算法则采取以前 k 个最大的特征值对应的特征向量。谱聚类则选取前 k 个最小的特征值对应的特征向量，感兴趣的读者可以查阅相关文献。

在实际工作中不能任意指定 k 的取值大小，通常可以根据特征值前 k 个累计贡献度来确定。

定义 4.5　特征值贡献度

矩阵 $\boldsymbol{C}_{n\times n}$ 的特征值为 $\lambda_i(i=1,2,\cdots,n)$，并满足 $\lambda_1 \geqslant \lambda_2 \geqslant \cdots \geqslant \lambda_n$，定义

$$f(k) = \frac{\sum_{i=1}^{k} \lambda_i}{\sum_{i=1}^{n} \lambda_i} \tag{4.37}$$

其中 $f(k)$ 为前 k 个特征值累计贡献度。在主成分分析中，通常要求 $f(k) \geqslant 0.85$。

4.3.2　步骤

设 $\boldsymbol{A}$ 是样本量大小为 m、特征为 n 的矩阵(数据集)。

- 将矩阵 $\boldsymbol{A}$ 进行中心化(去均值化)，其目的是去量纲，得到矩阵 $\boldsymbol{B}$；

---

① https://zh.wikipedia.org/wiki/拉格朗日乘数。

- 构建协方差矩阵 $\boldsymbol{C}=\frac{1}{m-1}\boldsymbol{B}^{\mathrm{T}}\boldsymbol{B}$，显然协方差矩阵 $\boldsymbol{C}$ 是一个实对称矩阵；
- 求解协方差矩阵 $\boldsymbol{C}$ 的特征值(eigenvalue)λ_i 及对应特征向量(eigenvector)$\boldsymbol{u}_i$；
- 将特征向量按对应特征值大小进行排列($\lambda_1 \geqslant \lambda_2 \geqslant \cdots \geqslant \lambda_n \geqslant 0$)，取前 k(通常要求前 k 个特征值和占所有特征值和的 0.85)个特征向量 $\boldsymbol{u}_i(i=1,2,\cdots,k)$组成矩阵 $\boldsymbol{U}$；
- 给定一测试集 $\boldsymbol{X}$，$\boldsymbol{Y}=\boldsymbol{U}^{\mathrm{T}}\boldsymbol{X}$，即为降维到 k 维后的特征向量空间。

4.3.3 实例

针对 PCA 算法，通过两个实例来实现算法。第一个实例依然通过数据集 Graduate Admissions 进行实践，第二个实例实现一个简单的人脸识别。

1. 数据降维

在介绍数据降维的相关内容之前，先回顾下数据集的相关信息。

```
#combine_data_df DataFrame 格式数据
combine_data_df.head(5)
```

其数据集前 5 个样本如表 4.5 所示。

表 4.5 Graduate Admissions 数据集的 5 个样本

Serial No.	GRE Score	TOEFL Score	University Rating	SOP	LOR	CGPA	Research	Chance of Admit
1	337	118	4	4.5	4.5	9.65	1	0.92
2	324	107	4	4.0	4.5	8.87	1	0.76
3	316	104	3	3.0	3.5	8.00	1	0.72
4	322	110	3	3.5	2.5	8.67	1	0.80
5	314	103	2	2.0	3.0	8.21	0	0.65

不妨将特征(变量)Chance of Admit 视为因变量，将其他 7 个特征视为自变量，即认为 7 个自变量对因变量都有影响(促进作用或抑制作用)。在处理大数据集时经常会遇到特征非常大的数据集(小到数百个特征，大到上千个特征)，众所周知，维度过多引起的维度灾难是研究数据科学的一个永远无法逃避的困难问题。这里通过少量特征的数据集来阐述这一问题，但其实质是一样的。

数据预处理期间经常需要对自变量进行中心化处理，其代码如下所示。

```
#自变量数据
x_data_df = combine_data_df[[i for i in combine_data_df.columns if 'Admit' not in i]]
#因变量数据
y_data_df = combine_data_df[[i for i in combine_data_df.columns if 'Admit' in i]]
#中心化处理
x_data_df = x_data_df.apply(lambda x: (x - x.mean()))
```

pandas 模块中的 apply()是一个强大的命令函数，读者必须掌握其用法，以及与 map()的区别。通过以下方式验证下数据集是否正确实现了中心化。

```
#按照维度计算均值
x_data_df.mean(axis = 0)
#输出结果
GRE Score              - 2.248473e - 14
TOEFL Score            - 2.526374e - 15
University Rating      - 9.572590e - 16
SOP                      1.263187e - 16
LOR                    - 1.776357e - 17
CGPA                   - 2.285579e - 15
Research                 1.353239e - 16
dtype: float64
```

通过以上代码验证，不难发现自变量数据集已实现中心化处理，接下来计算协方差矩阵。

```
#协方差矩阵
x_data_df.cov()
#相关性矩阵
x_data_df.corr()
```

其结果如表 4.6 所示。

表 4.6 自变量协方差矩阵数据

	GRE Score	TOEFL Score	University Rating	SOP	LOR	CGPA	Research
GRE Score	129.270077	57.397676	8.449230	6.956034	5.592625	5.663186	3.226992
TOEFL Score	57.397676	36.893091	4.650080	3.941886	3.064294	2.986927	1.440316
University Rating	8.449230	4.650080	1.306558	0.833180	0.658799	0.496550	0.248044
SOP	6.956034	3.941886	0.833180	0.995231	0.630601	0.428440	0.210353
LOR	5.592625	3.064294	0.658799	0.630601	0.833915	0.357245	0.174049
CGPA	5.663186	2.986927	0.496550	0.428440	0.357245	0.360988	0.152358
Research	3.226992	1.440316	0.248044	0.210353	0.174049	0.152358	0.247311

通过以上代码，不难看出 pandas 模块的强大之处。当然对于初学者，建议一步步去实现，这样可以巩固数学方面的知识。通过 NumPy 模块可以非常轻松实现。

```
#获得 array 数组 dataframe to array
x_data = x_data_df.values
#数据量
m = x_data.shape[0]
#协方差矩阵 import NumPy as np
np.dot(x_data.T, x_data) / (m - 1)
```

读者可以自行实验和验证，其结果应该与表 4.6 结果一致。接下来就是计算协方差矩阵的特征值和特征向量了，可以通过一行命令实现。

```
#特征值特征向量 import NumPy as np
eigen, eigen_vec = np.linalg.eig(cov_data_df)
```

通过打印命令，输出特征值和特征向量，如下所示。

```
#打印特征值
print(eigen)
array([1.58364071e + 02, 9.50209274e + 00, 1.17221643e + 00, 7.14783136e - 02,
       3.74910095e - 01, 1.62856084e - 01, 2.59545270e - 01])
#打印特征向量
print(eigen_vec)
array([[ - 0.89705439, - 0.43901734, 0.0408506, 0.01902699, 0.00334554,
         0.02250821, 0.00293242],
       [ - 0.43018994, 0.89223874, 0.13405703, 0.02515405, 0.00870674,
         - 0.00652452, - 0.01114671],
       [ - 0.06160197, 0.06508781, - 0.61724563, 0.06201977, - 0.72687932,
         0.02666982, - 0.27940174],
       [ - 0.05105794, 0.06515987, - 0.55572281, 0.08083432, 0.18250224,
         0.04474343, 0.80154613],
       [ - 0.04079448, 0.04279788, - 0.51903414, 0.09759006, 0.66092065,
         0.03903527, - 0.52843546],
       [ - 0.04073081, 0.02766165, - 0.13239892, - 0.98926897, 0.03513128,
         - 0.0118898, - 0.00420664],
       [ - 0.02247531, - 0.00973384, - 0.0601167, 0.02115886, 0.01421511,
         - 0.99753318, 0.00799318]])
```

不妨拿出一个特征值及对应特征向量，进行 $\boldsymbol{Ax}=\lambda\boldsymbol{x}$ 验证。

```
#验证 $ Ax = \lambda x $
np.dot(cov_data_df, eigen_vec[:, 0]).all() == (eigen[0] * eigen_vec[:, 0]).all()
#返回 True
```

现在已得到协方差矩阵的特征值和特征向量，那么选择几个特征来代替原有的 7 个特征的数据集呢？不妨先将特征值按照从大到小的顺序（倒序）进行排列，然后根据特征值的贡献程度进行绘图。结果如图 4.8 所示。

```
#特征值从大到小排序，获得原有的索引
eigen_index_sort = np.argsort(eigen)[:: - 1]
#特征值绘图
plt.plot(np.arange(1, len(eigen_index_sort) + 1), eigen[eigen_index_sort] /
                                                  eigen.sum(), '* - ')
plt.xlabel('序号')
plt.ylabel('特征值贡献度')
plt.grid()
```

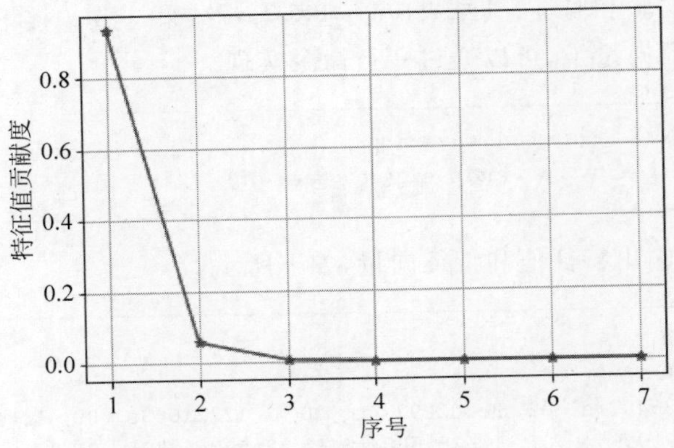

图 4.8　特征值贡献程度图

通过图 4.8 不难发现，从第 3 个特征值贡献度之后的特征值贡献度非常小。为此计算其累计贡献度，代码如下。

```
#累计贡献度
np.cumsum(eigen[eigen_index_sort] / eigen.sum())
#输出结果
array([0.93206232, 0.98798752, 0.99488668, 0.99709324, 0.99862081, 0.99957931, 1.])
```

不难发现，第 1 个特征的贡献程度就高达 0.93206232，截止到第 3 个特征，其累计贡献度为 0.99488668，选择前 3 个特征就可以很好地代表原数据集了，因此不妨取 $k=3$。其特征值和对应特征向量分别为：

```
#特征值
eigen[eigen_index_sort[:3]]
array([158.36407084, 9.50209274, 1.17221643])
#特征向量
eigen_vec[:,eigen_index_sort[:3]]
array([[-0.89705439, -0.43901734, 0.0408506 ],
       [-0.43018994, 0.89223874, 0.13405703],
       [-0.06160197, 0.06508781, -0.61724563],
       [-0.05105794, 0.06515987, -0.55572281],
       [-0.04079448, 0.04279788, -0.51903414],
       [-0.04073081, 0.02766165, -0.13239892],
       [-0.02247531, -0.00973384, -0.0601167 ]])
```

进行到这里，可得到本数据集的特征向量矩阵 $\boldsymbol{U}_{7\times 3}$，通过特征向量矩阵 $\boldsymbol{U}$ 对原数据进行转换。

```
#前 3 个特征值
main_eigen = eigen[eigen_index_sort[:3]]
#前 3 个特征向量
```

```
main_eigen_vec = eigen_vec[:,eigen_index_sort[:3]]
#数据转换高维度到低维度的投影
x_data_df.dot(main_eigen_vec)
```

这里给出降维后的部分数据,如表 4.7 所示。

表 4.7 降维数据的 5 个样本

Serial No.	0	1	2
1	−23.096342	0.810399	0.392712
2	−6.645247	−3.351158	−1.231840
3	2.010648	−2.712846	−0.153626
4	−5.964842	0.014797	1.048285
5	4.381926	−2.863154	1.095414

读者需要注意的一点是,将数据进行降维时,需先对其进行中心化(去均值化)处理,各个维度(特征)的均值都不能遗漏掉。通过表 4.7 可以看到,数据由原先的 900×7 的数据矩阵变成 900×3 的数据矩阵。对高维度的数据进行降维可以有效降低数据量,从而降低后期步骤的计算量和存储空间。尽管在大数据时代,该理念依然是非常重要的。

通过 sklearn 模块重现以上理论,来见识下其强大之处。

```
#主成分分析命令
from sklearn.decomposition import PCA
#降维到三维
pca_alg = PCA(n_components=3,whiten=True)
#x_data_df 中心化(去均值化)后的数据
pca_alg.fit(x_data_df)
#特征值
pca_alg.explained_variance_
#特征向量
pca_alg.components_.T
#贡献率
pca_alg.explained_variance_ratio_
```

2. 人脸识别

接下来列举第二个实例,这里通过 PCA 算法实现人脸识别。先给出 PCA 算法实现人脸识别的流程图,如图 4.9 所示。

这里采用英国剑桥大学的 AT&T 人脸数据集①,其数据集大小不足 5MB,包含 40 个分类样本,同类包含一个人的 10 张图像,即数据量为 400,每张图像像素为 112×92。日常中见到的图像多以 RGB 格式为主,有时候需要对其进行灰度处理,其函数表达式如下

① https://www.cl.cam.ac.uk/research/dtg/attarchive/facedatabase.html。

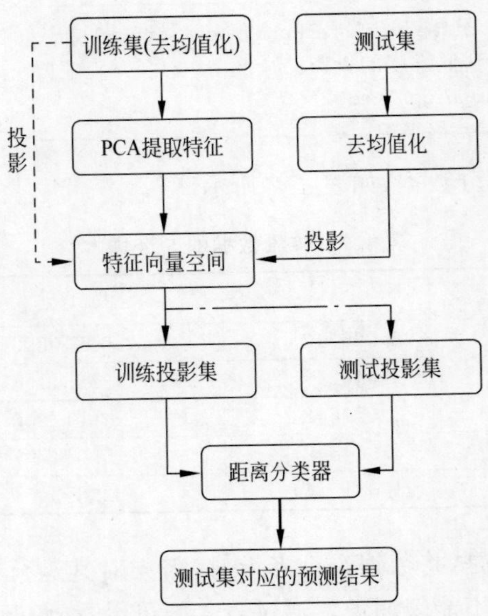

图 4.9 PCA 人脸识别系统流程图

所示。

$$L = R \times 299/1000 + G \times 587/1000 + B \times 114/1000 \tag{4.38}$$

其中,R、G、B 分别表示 3 个图层,显然灰度 L 是其 3 个图层的线性组合。

```
import numpy as np
import pandas as pd
import os, sys
from sklearn.decomposition import PCA
from PIL import Image, ImageShow
#数据集
dataSetsPath = "../dataSets/orl_faces/"
data_dict = {"dirName": [], "dirPath": [], "imgArr":[]}
for ix, file in enumerate(os.walk(dataSetsPath)):
    dir_path, dir_name, content_name = file
    file_name = dir_path.split("/")[-1]
    if 's' in file_name:
        for content in content_name:
            file_dir = dir_path + "/" + content
            tmp_image = Image.open(file_dir)
            img_arr = np.asarray(tmp_image).reshape(1, -1).astype('float').tolist()[0]
            #存储
            data_dict['dirName'].append(file_name)
            data_dict['dirPath'].append(file_dir.split("/")[-1])
            data_dict['imgArr'].append(img_arr)
#dict to DataFrame
data_df = pd.DataFrame(data_dict)
print(data_df.head(5))
```

由于该数据集已灰度处理，通过 reshape 命令直接将图像展平，且将数据类型转换成浮点型(float)，其部分数据集如表 4.8 所示，这里将数据转换成 DataFrame 格式仅是为了可视化。

表 4.8　部分数据集

	dirName	dirPath	imgArr
0	s1	1.pgm	[48.0,49.0,45.0,47.0,49.0,57.0,39.0,42…
1	s1	10.pgm	[34.0,34.0,33.0,32.0,38.0,40.0,39.0,49…
2	s1	2.pgm	[60.0,60.0,62.0,53.0,48.0,51.0,61.0,60…
3	s1	3.pgm	[39.0,44.0,53.0,37.0,61.0,48.0,61.0,45…
4	s1	4.pgm	[63.0,53.0,35.0,36.0,33.0,34.0,31.0,35…

在表 4.8 中，dirName 表示人名为 s1 的人，dirPath 表示人 s1 的第几张图像标签，imgArr 是图片展平后的列表。

下面进行数据预处理，将自变量数据和因变量数据分开。

```
#自变量因变量
x_data_arr = np.array(data_dict['imgArr'])
y_data_arr = np.array(data_dict['dirName'])
print(x_data_arr.shape)
#输出样本量:400 特征:10304
(400, 10304)
```

将因变量数据(见表 4.8)中的 dirName 分类数据转换成数值类型数据。

```
#分类数据转换成数值类型数据
label_dict = {value: int(ix+1) for ix, value in enumerate(set(y_data_arr))}
#数值化处理
y_data_arr = np.array([label_dict[label] for label in y_data_arr])
```

基本的数据已处理完，下面将其划分为训练集和测试集，这里将训练集数据量与测试集数据量比设定为 4∶1。

```
#训练集和测试集划分器
from sklearn.model_selection import train_test_split
x_train, x_test, y_train, y_test = train_test_split(x_data_arr, y_data_arr,
                                    test_size=0.20,random_state=42)
print(x_train.shape, x_test.shape)                   #输出
((320, 10304), (80, 10304))
```

训练集的自变量记为 x_train，因变量记为 y_train，测试集的自变量记为 x_test，因变量记为 y_test。现在对数据进行中心化（去均值化）处理。

```
#各特征均值
x_train_mean = x_train.mean(axis=0)
#均值离差
x_train_div = x_train - x_train_mean
```

通过 sklearn 模块实现 PCA 算法，不妨先将 10 304 个特征降维到 150 个特征。其代码实现如下所示。

```
#PCA算法
n_components = 150
pca_alg = PCA(n_components= n_components)
pca_alg.fit(x_train_div)
#算法参数设定
PCA(copy=True, iterated_power='auto', n_components=150, random_state=None,
svd_solver='auto', tol=0.0, whiten=False)
#150个特征占总体的贡献度
print(pca_alg.explained_variance_ratio_.sum())
0.9410478451232216
```

在选择 150 个特征代表 10 304 个特征时，其累计贡献度为 0.94，满足条件 0.85。利用 Matplotlib 作折线图查看 150 个特征值的大小，如图 4.10 所示。

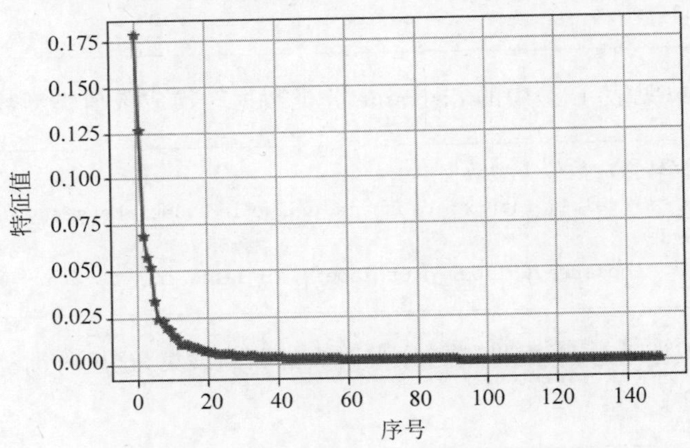

图 4.10　150 个特征值折线图(由大到小排序)

通过图 4.10 不难看出，前 20 个特征值的贡献度较大，之后的特征值都非常小。后面会进一步实验，这里先以 150 个特征为例。根据图 4.9 的算法流程，现已完成最重要的一步，即得到了特征向量空间，下面分别对训练集和测试集进行特征向量空间转换。

```
#中心化(去均值化)，采用训练集均值，想想为什么
x_test_div = x_test - x_train_mean
#测试集转换
```

```
x_test_trans = pca_alg.transform(x_test_div)
#训练集转换
x_train_trans = pca_alg.transform(x_train_div)
```

读者可能会发现在用测试集之前需要对其进行中心化(去均值化)处理,而特征均值采用的是训练集的均值,这是为什么呢?在日常工作处理中,总体和样本这两个概念经常需要面对和对待。经常会面临这样一个问题:能否获得总体呢?显然是不可能的,只要有新的样本产生并需要测试,即使获得的数据集足够大,大到PB级的数量级,该数据集依然不是总体。在实际问题解决过程中更多的是对其进行了假设,即用训练集代表总体,再将未知分类的数据将其进行预测(分类),这也是采用训练集的均值在测试集上做中心化(去均值化)处理的重要原因。

通过PCA算法处理完以上数据处理后,就可以通过逻辑回归来进行(多)分类,其代码如下所示。

```
from sklearn.metrics import precision_score, recall_score
from sklearn.metrics import f1_score
#逻辑回归分类器
from sklearn.linear_model import LogisticRegression
#采用牛顿法, 最大迭代 200 步
classifier = LogisticRegression(max_iter = 200, solver = 'newton - cg')
#训练
classifier.fit(x_train_trans, y_train)
#对测试集进行分类
y_pred = classifier.predict(x_test_trans)
#sum([1 if label == y_test[ix] else 0 for ix, label in enumerate(y_pred)]) /
                                 x_test_trans.shape[0]
#正确率
classifier.score(x_test_trans, y_test)                    #0.9625
method = 'micro'                                          #微平均, 精确率
#精确率
precision_score(y_pred, y_test, average = method)         #0.9625
#召回率
recall_score(y_pred, y_test, average = method)            #0.9625
#F1 值
f1_score(y_pred, y_test, average = method)                #0.9625000000000001
```

通过各项模型评估指标,不难发现模型的效果还是不错的,精确率高达96.25%。下面给出其混淆矩阵,如图4.11所示。

截至这里,已经基本上已完成PCA人脸识别算法。接下来实验选取不同数量的特征值和特征向量对分类效果的影响,不妨分别选取10、30、60、90、150、200和300个特征向量验证模型的正确率,如表4.9所示。

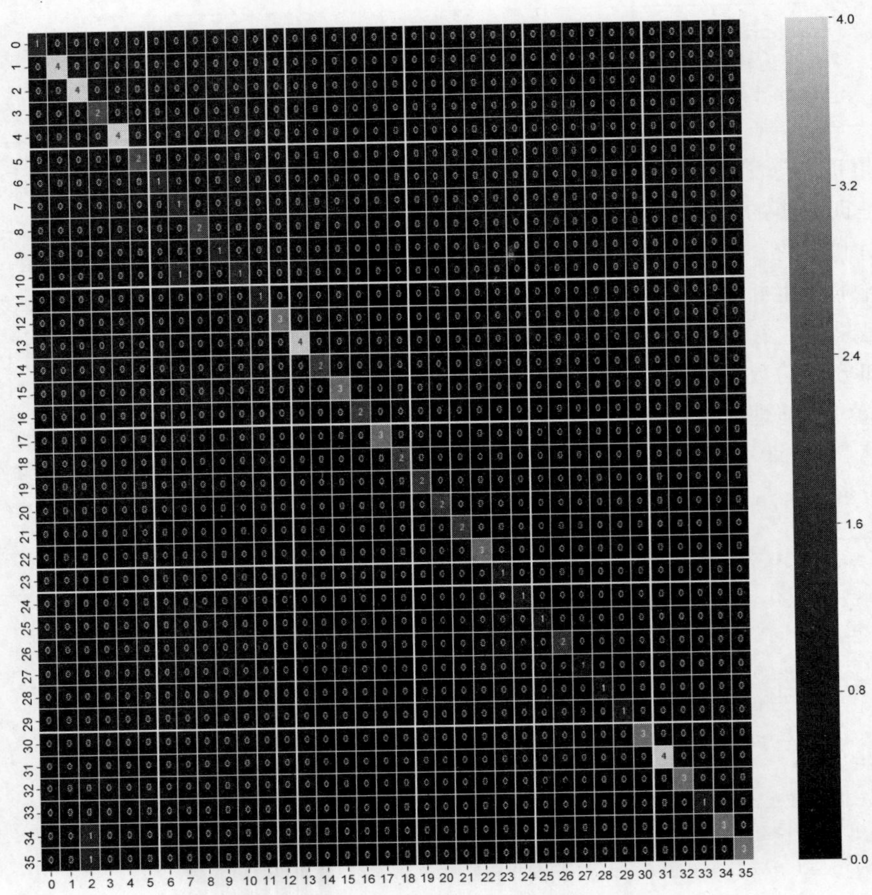

图 4.11 测试集分类结果的混淆矩阵

表 4.9 选取不同数量的特征向量下的人脸识别

序号	特征向量数量	特征值累计贡献度	正　确　率
0	10	0.602853	0.8250
1	30	0.759859	0.9875
2	60	0.844822	0.9625
3	90	0.889826	0.9500
4	150	0.941087	0.9500
5	200	0.967359	0.9500
6	300	0.997110	0.9500

通过表 4.9 不难发现，选取的特征向量数量并不是越多越好，当特征向量数量为 30 时，特征值累计贡献度为 0.759859，正确率最高，为 98.75%；当特征向量数据为 10 时，特征值累计贡献度为 0.602853，正确率仅为 82.50%；在特征向量数量大于 90 时，特征值累计贡献度大于 0.85，正确率为 95%，趋于稳定。根据相关研究者的建议，通常选取特征值累计贡献度在 0.85，即 $k=60$ 左右，读者可以尝试对比不同数量特征向量的耗时

情况。

另外，读者可以尝试通过 NumPy 模块求解本实验协方差矩阵（10 304×10 304）的特征值和特征向量，对比 sklearn 下的时间消耗、特征值和特征向量的不同之处。

4.4 线性判别分析

视频讲解

4.4.1 算法思想

线性判别分析（linear discriminant analysis，LDA）由 Fisher 于 1936 年提出，与线性回归、逻辑回归一样都属于监督学习（supervised learning）[①]。线性判别分析的思想可以总结为一句话：投影后类内方差最小，类间方差最大。

定义 4.6 瑞利商[②]

对于给定的复 Hermitian 矩阵 $\boldsymbol{M}$，非零向量 $\boldsymbol{x}$

$$R(\boldsymbol{M},\boldsymbol{x})=\frac{\boldsymbol{x}^{\mathrm{H}}\boldsymbol{M}\boldsymbol{x}}{\boldsymbol{x}^{\mathrm{H}}\boldsymbol{x}} \tag{4.39}$$

称为瑞利商 $R(\boldsymbol{M},\boldsymbol{x})$，其中，$\boldsymbol{x}$ 为非零向量，矩阵 $\boldsymbol{M}_{n\times n}$ 为 Hermitian 矩阵，即 $\boldsymbol{M}^{\mathrm{H}}=\boldsymbol{M}$。这里只探讨实矩阵，即 $\boldsymbol{M}^{\mathrm{T}}=\boldsymbol{M}$。$\boldsymbol{x}^{\mathrm{H}}$ 表示 $\boldsymbol{x}$ 的共轭转置。

针对实对称矩阵 $\boldsymbol{M}_{n\times n}$，其最小特征值和最大特征值分别为 $\lambda_{\min}$ 和 $\lambda_{\max}$，则有

$$\lambda_{\max}\geqslant\frac{\boldsymbol{x}^{\mathrm{H}}\boldsymbol{M}\boldsymbol{x}}{\boldsymbol{x}^{\mathrm{H}}\boldsymbol{x}}\geqslant\lambda_{\min} \tag{4.40}$$

上面是瑞利商的相关内容和性质，线性判别分析与广义瑞利商非常相关。

定义 4.7 广义瑞利商

对于给定的复 Hermitian 矩阵 $\boldsymbol{M}_{n\times n}$ 和 $\boldsymbol{B}_{n\times n}$，非零向量 $\boldsymbol{x}$，有：

$$R(\boldsymbol{M},\boldsymbol{B},\boldsymbol{x})=\frac{\boldsymbol{x}^{\mathrm{H}}\boldsymbol{M}\boldsymbol{x}}{\boldsymbol{x}^{\mathrm{H}}\boldsymbol{B}\boldsymbol{x}} \tag{4.41}$$

其中，$\boldsymbol{B}$ 为正定矩阵。

不妨令 $x=\boldsymbol{B}^{-\frac{1}{2}}\boldsymbol{y}$，则式(4.41)可以化为

$$R(\boldsymbol{M},\boldsymbol{B},\boldsymbol{y})=\frac{\boldsymbol{y}^{\mathrm{H}}(\boldsymbol{B}^{\mathrm{H}})^{-\frac{1}{2}}\boldsymbol{M}\boldsymbol{B}^{-\frac{1}{2}}\boldsymbol{y}}{\boldsymbol{y}^{\mathrm{H}}\boldsymbol{y}} \tag{4.42}$$

显然，$R(\boldsymbol{M},\boldsymbol{B},\boldsymbol{x})$的最大（小）值即为矩阵$(\boldsymbol{B}^{\mathrm{H}})^{-\frac{1}{2}}\boldsymbol{M}\boldsymbol{B}^{-\frac{1}{2}}$的最大（小）特征值。

线性判别分析在二类和多类情况下的公式略有不同，但其思想是一样的。设数据集为 $D=\{(\boldsymbol{x}_i,\boldsymbol{y}_i)\}(i=1,2,\cdots,m)$，其中样本 x_i 为 n 维向量，$y_i\in\{c_1,c_2,\cdots,c_k\}$，是第 i 个样本对应的类标签（因变量），X_j 表示第 j 类的数据集，N_j 表示第 j 类的数据量。

---

① 通常，涉及预测或分类的问题时，数据集都包含自变量和因变量，而依赖因变量进行预测或分类的问题都可以视为监督学习，而像降维和聚类之类的问题通常视为无监督学习。

② https://zh.wikipedia.org/wiki/瑞利商。

- $\mu_j = \frac{1}{N_j}\sum_{x \in X_j} x$,即表示同类数据集的均值向量;
- $\sum_j = \sum_{x \in X_j}(\boldsymbol{x}-\boldsymbol{\mu}_j)(\boldsymbol{x}-\boldsymbol{\mu}_j)^{\mathrm{T}}$,即表示不同类的协方差矩阵乘以其类的数量 N_j-1,在计算过程中依然要计算协方差矩阵(系数不影响方向)。

下面结合其原理讨论二类 LDA 和多类 LDA。

1. 二类 LDA

对于二类问题,仅需要将原数据投影到一条直线上即可。问题是如何投影?假设有一个投影直线的向量 $\boldsymbol{w}$,针对任意样本 $\boldsymbol{x}_i$,其在向量 $\boldsymbol{w}$ 上的投影为 $\boldsymbol{w}^{\mathrm{T}}\boldsymbol{x}$。另外,不妨记 $y_i \in \{0,1\}$,则其 0 类的数据中心点就是均值(算术平均数)向量 μ_0,其投影后的值为 $\boldsymbol{w}^{\mathrm{T}}\boldsymbol{\mu}_0$,同理,对于一类亦然。根据线性判别分析的思想(宗旨):投影后类内方差最小,类间方差最大。其数学表达就是:找到一个向量 $\boldsymbol{w}$,使得投影后的数据类内方差 $\boldsymbol{w}^{\mathrm{T}}\boldsymbol{\Sigma}_0\boldsymbol{w}+\boldsymbol{w}^{\mathrm{T}}\boldsymbol{\Sigma}_1\boldsymbol{w}$ 最小,同时满足类间中心方差 $\|\boldsymbol{w}^{\mathrm{T}}\mu_0-\boldsymbol{w}^{\mathrm{T}}\mu_1\|_2^2$ 最大。

$$\max J(\boldsymbol{w}) = \frac{\|\boldsymbol{w}^{\mathrm{T}}\boldsymbol{\mu}_0-\boldsymbol{w}^{\mathrm{T}}\boldsymbol{\mu}_1\|_2^2}{\boldsymbol{w}^{\mathrm{T}}\boldsymbol{\Sigma}_0\boldsymbol{w}+\boldsymbol{w}^{\mathrm{T}}\boldsymbol{\Sigma}_1\boldsymbol{w}} = \frac{(\boldsymbol{w}^{\mathrm{T}}(\boldsymbol{\mu}_0-\boldsymbol{\mu}_1))^2}{\boldsymbol{w}^{\mathrm{T}}(\boldsymbol{\Sigma}_0+\boldsymbol{\Sigma}_1)\boldsymbol{w}} \tag{4.43}$$

现在的目标变成了求解 $J(\boldsymbol{w})$的最大值问题。式(4.43)看上去还是有点烦琐,下面引入两个概念:类内散度矩阵和类间散度矩阵。

$$\begin{cases} \boldsymbol{S}_{\mathrm{w}} = \boldsymbol{\Sigma}_0+\boldsymbol{\Sigma}_1 \\ \boldsymbol{S}_{\mathrm{b}} = (\boldsymbol{\mu}_0-\boldsymbol{\mu}_1)(\boldsymbol{\mu}_0-\boldsymbol{\mu}_1)^{\mathrm{T}} \end{cases} \tag{4.44}$$

其中,$\boldsymbol{S}_{\mathrm{w}}$ 称为类内散度矩阵,$\boldsymbol{S}_{\mathrm{b}}$ 称为类间散度矩阵。

注意:$\boldsymbol{S}_{\mathrm{w}}$ 中的 w 不是指向量,而是英文单词 within 的缩写;$\boldsymbol{S}_{\mathrm{b}}$ 中的 b 是 between 的缩写[①]。

式(4.43)可以化简为:

$$\max J(\boldsymbol{w}) = \frac{\boldsymbol{w}^{\mathrm{T}}\boldsymbol{S}_{\mathrm{b}}\boldsymbol{w}}{\boldsymbol{w}^{\mathrm{T}}\boldsymbol{S}_{\mathrm{w}}\boldsymbol{w}} \tag{4.45}$$

显然式(4.45)就是上面所提的广义瑞利商式(4.41)的形式,在求导之前需要对 $\boldsymbol{w}^{\mathrm{T}}\boldsymbol{S}_{\mathrm{w}}\boldsymbol{w}$ 归一化,若不进行归一化,则 $\boldsymbol{w}$ 无法确定唯一性。因此不妨令 $\|\boldsymbol{w}^{\mathrm{T}}\boldsymbol{S}_{\mathrm{w}}\boldsymbol{w}\|=1$,通过拉格朗日乘数进行求导,可得到 $\boldsymbol{S}_{\mathrm{b}}\boldsymbol{w}=\boldsymbol{\lambda}\boldsymbol{S}_{\mathrm{w}}\boldsymbol{w}$。

二类问题中,$\boldsymbol{S}_{\mathrm{b}}\boldsymbol{S}_{\mathrm{w}}^{-\frac{1}{2}}\boldsymbol{w}$ 的方向为$\boldsymbol{\mu}_0-\boldsymbol{\mu}_1$,令 $\boldsymbol{S}_{\mathrm{b}}\boldsymbol{w}'=\boldsymbol{\lambda}(\boldsymbol{\mu}_0-\boldsymbol{\mu}_1)$,则投影向量为 $\boldsymbol{w}'=\boldsymbol{S}_{\mathrm{w}}^{-1}(\boldsymbol{\mu}_0-\boldsymbol{\mu}_1)$。

2. 多分类 LDA

针对多分类的 LDA 问题,其投影不能再局限于一条直线了,需要将高维数据投影到一个超平面上。不妨假设投影的低维度空间维度为 d,其对应的基向量 $\boldsymbol{W}=(w_1,w_2,\cdots,w_d)$,即为 $n\times d$ 的矩阵。则优化函数为:

---

① https://zh.wikipedia.org/wiki/线性判别分析。

$$\frac{\boldsymbol{W}^{\mathrm{T}}\boldsymbol{S}_{\mathrm{b}}W}{\boldsymbol{W}^{\mathrm{T}}\boldsymbol{S}_{\mathrm{w}}W} \tag{4.46}$$

其中，$\boldsymbol{S}_{\mathrm{b}}=\sum_{j=1}^{k}N_j(\boldsymbol{\mu}_j-\boldsymbol{\mu})(\boldsymbol{\mu}_j-\boldsymbol{\mu})^{\mathrm{T}}$，$\boldsymbol{S}_{\mathrm{w}}=\sum_{j=1}^{k}\sum_{x\in \boldsymbol{X}_j}(\boldsymbol{x}-\boldsymbol{\mu}_j)(\boldsymbol{x}-\boldsymbol{\mu}_j)^{\mathrm{T}}$，$\boldsymbol{\mu}$ 表示所有数据的均值向量。不难发现 $\boldsymbol{S}_{\mathrm{w}}$ 由计算二类协方差之和变成多类协方差之和，而 $\boldsymbol{S}_{\mathrm{b}}$ 有所不同，其实可以计算任意两类之间的均值向量之差的绝对值之和，但计算量略大，如果数据有 k 个类别，则需要计算 $C(k,2)$次，因此这里采用每个类别的均值与整体均值的差异，并通过每类的数据量 N_j 进行了一种加权操作，所以二类 LDA 与多类 LDA 在计算过程中还是略有不同的。

多类 LDA 计算的 $\boldsymbol{S}_{\mathrm{w}}^{-1}\boldsymbol{S}_{\mathrm{b}}$ 是一个方阵，在求解降维后的 $\boldsymbol{w}$ 时，采用同 PCA 算法的原理求解其特征值和特征向量，采用前几个大的特征向量构建投影矩阵 $\boldsymbol{w}$。

4.4.2 步骤

针对数据集 D，不妨设定降低后的维度为 d(多类问题)。

- 计算 $\boldsymbol{S}_{\mathrm{w}}$，$\boldsymbol{S}_{\mathrm{b}}$；
- 计算 $\boldsymbol{S}_{\mathrm{w}}^{-1}\boldsymbol{S}_{\mathrm{b}}$；
- 计算 $\boldsymbol{S}_{\mathrm{w}}^{-1}\boldsymbol{S}_{\mathrm{b}}$ 的最大的 d 个特征值以及对应特征向量$(w_1,w_2,\cdots,w_d)$，构建投影矩阵 W；
- 将数据集中的所有数据 $\boldsymbol{x}_i$ 进行转换 $\boldsymbol{y}_i=\boldsymbol{W}^{\mathrm{T}}\boldsymbol{x}_i$。

读者不难发现，这里只通过 LDA 方法进行了降维，那么如何进行分类呢？可以借助前面章节所说的逻辑回归方法。除此之外，也可以通过极大似然估计计算各个类别的投影数据的均值和方差，构建各类别的高斯分布的概率密度函数，通过该函数进行预测。

4.4.3 实例

为了便于读者清晰地认识线性判别分析方法，举个简单的例子，采用二类 LDA 进行详细说明，即因变量 y_i 只有两种情况，不妨记为 $y_i\in\{0,1\}$(如表 4.10 的 y_label)，线性判别分析算法中采用一个经典数据集：鸢尾花数据集(即 iris)，样本量为 150，维度为 5(4 个自变量，1 个因变量)，读者可以在网上下载或采用 sklearn 模块的数据集。这里只取其中的两类部分数据，因此需要做预处理，如表 4.10 所示。

表 4.10　鸢尾花 setosa 和 versicolor 类部分数据集

ID	sepal_length	sepal_width	petal_length	petal_width	class	y_label
5	5.4	3.9	1.7	0.4	setosa	0
15	5.7	4.4	1.5	0.4	setosa	0
16	5.4	3.9	1.3	0.4	setosa	0
21	5.1	3.7	1.5	0.4	setosa	0

续表

ID	sepal_length	sepal_width	petal_length	petal_width	class	y_label
26	5.0	3.4	1.6	0.4	setosa	0
31	5.4	3.4	1.5	0.4	setosa	0
44	5.1	3.8	1.9	0.4	setosa	0
57	4.9	2.4	3.3	1.0	versicolor	1
60	5.0	2.0	3.5	1.0	versicolor	1
62	6.0	2.2	4.0	1.0	versicolor	1
67	5.8	2.7	4.1	1.0	versicolor	1
79	5.7	2.6	3.5	1.0	versicolor	1
81	5.5	2.4	3.7	1.0	versicolor	1
93	5.0	2.3	3.3	1.0	versicolor	1

这里将表 4.10 中的类标签进行了数值化处理。其实现代码如下所示。

```
import numpy as np
import pandas as pd
import os, sys
import matplotlib.pyplot as plt
import seaborn as sns
%matplotlib inline                          #Notebook 添加命令
from sklearn.discriminant_analysis import LinearDiscriminantAnalysis
#读取数据
path = "../data/iris.csv"
data_df = pd.read_csv(path)
#类标签数值化处理
label_arr = data_df['class'].unique()
label_dict = {value:ix for ix, value in enumerate(label_arr)}
data_df['y_label'] = data_df['class'].map(lambda x: label_dict[x])
sample_data_df = data_df.query("y_label in [0, 1] and petal_width in [.4, 1.]")
print(sample_data_df)                       #表数据
```

为了便于形象地展示其投影过程，现在以部分数据(选择指定维度)来进行实验。

```
#数据集列表
cols_list = list(sample_data_df.columns)
x_data = sample_data_df.sepal_length.values
y_data = sample_data_df.sepal_width.values
c_data = sample_data_df.y_label.values
plt.scatter(x_data, y_data, c=c_data, marker='v')
plt.grid(True)
plt.xlabel("sepal_length")
plt.ylabel("sepal_width")
```

运行以上代码，结果如图 4.12 所示。

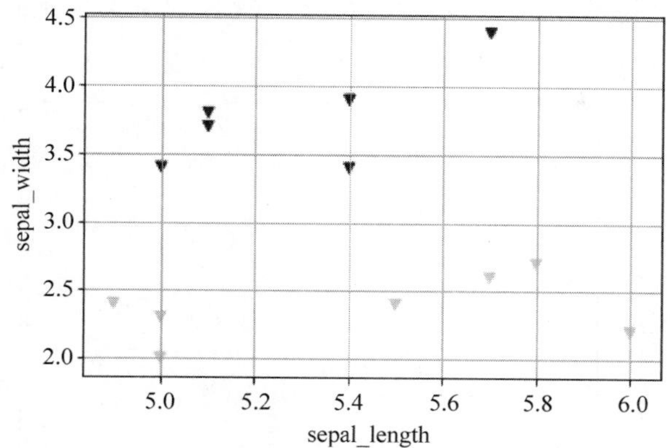

图 4.12 sepal_length 和 sepal_width 数据集

现在根据二类 LDA 计算步骤实现线性判别分析。

```
part_cols_list = [i for i in cols_list if i in ['sepal_length', 'sepal_width', 'y_label']]
x_samp_data = sample_data_df[part_cols_list]
#计算类协方差,类均值
def mean_cov(x_data):
    x_mean = x_data.mean(axis = 0)
    x_center = x_data - x_mean
    return np.dot(x_center.T, x_center), x_mean.values
#协方差矩阵
cov_arr = np.zeros((x_samp_data.shape[1] - 1, x_samp_data.shape[1] - 1))
#类均值向量
mean_arr = []
for ix, value in x_samp_data.groupby('y_label'):
    value = value.copy()
    value.drop('y_label', axis = 1, inplace = True)
    cov_result, mean_result = mean_cov(value)
    cov_arr += cov_result
    mean_arr.append(mean_result)
#投影向量 w
w_eigen = np.dot(np.linalg.inv(cov_arr), mean_arr[1] - mean_arr[0])
#投影向量 w 归一化处理
w_eigen_norm = w_eigen / np.sqrt((w_eigen ** 2).sum())
#数据转换
np.dot(x_samp_data.drop('y_label', axis = 1), w_eigen_norm)
```

不难发现线性判别分析的实现过程还是比较方便的,现在通过 sklearn 实现其过程。

```
lda = LinearDiscriminantAnalysis(n_components = 1, solver = 'eigen')
#训练
lda.fit(x_samp_data.drop('y_label', axis = 1), c_data)
#转换数据
project_arr = lda.transform(x_samp_data.drop('y_label', axis = 1))
```

建议读者通过 NumPy 逐步实现其算法过程,这样利于深入理解。现在给出其投影后的图像,如图 4.13 所示。

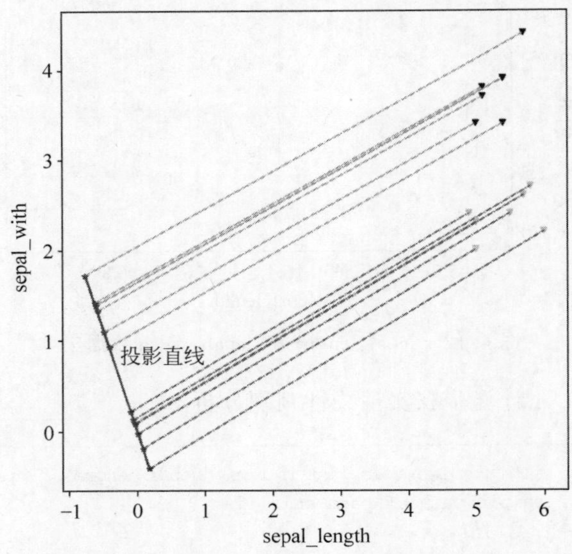

图 4.13　二类 LDA 投影后的结果

实现图 4.13 的代码如下所示。

```
#斜率 y = kx + b
k_value = w_eigen_norm[ - 1] / w_eigen_norm[0]
proj_x = (project_arr / k_value).flatten()
color_dict = {1: 'c', 0: 'y'}
x_data = sample_data_df.sepal_length.values
y_data = sample_data_df.sepal_width.values
c_data = sample_data_df.y_label.values
plt.figure(figsize = (10, 10))
plt.scatter(x_data, y_data, c = c_data, marker = 'v')
plt.plot(proj_x, project_arr, 'r * - ')
for ix, v in enumerate(x_data):
    plt.plot([proj_x[ix], v], [project_arr[ix],y_data[ix]], '{} - .'.format(color_
                                dict[c_data[ix]]),linewidth = 1)
plt.grid(False)
plt.text( - 0.35, 0.7, "投影直线")
plt.xlabel("sepal_length")
plt.ylabel("sepal_width")
```

针对待定数据 x 的类别分类不再额外赘述,通常使用的方法是高斯分布的概率密度函数,其思想非常方便,即投影后的数据,不同类数据的均值和标准差都可以很容易进行计算,进而构造不同的高斯分布的概率密度函数,从而实现预测目的,但是读者也可以使用其他方法,比如逻辑回归。模块 sklearn 中提供预测函数。

```
lda.predict(x)
```

读者可以自行深入进行研究，在前面的思想部分阐述了二类 LDA 和多类 LDA，其实质两者是一样的，差别仅在部分计算步骤略有改动，读者可通过 NumPy 模块自行实现，并与 sklearn 模块的结果进行对比。由于在前面的章节中已经给出关于特征值和特征向量的实现方法，这里不再进行额外赘述。

4.5 决策树

4.5.1 算法思想

下面介绍一个监督学习算法：决策树(decision tree)。该算法是一个简单高效的非线性模型，主要用于解决回归与分类问题。事实上，决策树是将空间以超平面进行划分的一种方法，每次分割时就将当前空间一分为二。通俗而言，决策树类似于 Python 中的条件判断语句。

```
if cond1:
    if cond11:
        f(11)
    else:
        g(12)
elif cond2:
    if cond21:
        h(21)
    else:
        m(22)
else:
    q(3)
```

以上 Python 语法就是一种决策，因为在判断一件事时往往基于多个因素(特征)来进行综合考虑，比如媒人给两个(A,B)女孩介绍对象，A 女孩先问对方帅吗？媒人说不是很帅，A 女孩直接拒绝。B 女孩先问对方收入高吗？媒人说年薪 20 万元；B 女孩又问身高高吗？媒人说 178cm。不难发现两个女孩的问题先后顺序不同，也就是说侧重点不同。那么在决策时中如何选择最重要的特征来进行划分结果呢？如何先选择第一个条件(cond1)，再依次选择第二个条件(cond11)。决策树基于这种问题，提出了多种选择方案，以 ID3、C4.5 和 CART 算法为主。下面先介绍一些相关知识。

定义 4.8 信息熵

设一样本数据集 D，含有 c 种类别，则信息熵可表示为：

$$H(D)=-\sum_{i=1}^{c}p_i\mathrm{lb}(p_i) \tag{4.47}$$

其中，p_i 表示第 i 类别样本数据占整体的比例(概率)。

信息熵是表示随机变量不确定性的度量，不确定性越大，其熵值 $H(x)$ 也就越大。

- 当 $p=0$ 或 1 时，$H(p)=0$，即随机变量是完全确定的；
- 当 $p=0.5$ 时，$H(p)=1$，随机变量不确定性最大。

下面通过 NumPy 模块产生 20 个整数代表类别，b10_list 中有 10 个类别，而 a2_list 只有两个类别。定义熵函数来计算两组数据的熵，其代码和结果如下：

```
import numpy as np
#熵定义函数
def entropy_func(data):
    '''
    信息熵
    :param data: list or tuple, 待计算熵数据
    :return: 熵值
    '''
    len_data = len(data)
    entropy = 0
    for ix in set(data):
        #x = ix 的概率
        p_value = data.count(ix) / len_data
        entropy -= p_value * np.log2(p_value)
    return entropy
#产生 20 个数据
n_count = 20
b10_list = []
a2_list = []
for ix in range(n_count):
    b10_list.append(np.random.randint(10))
    a2_list.append(np.random.randint(2))
```

通过 NumPy 模块产生 20 个整数代表类别。其结果如下所示。

```
#b10_list
[2, 3, 3, 5, 5, 8, 8, 3, 6, 8, 6, 4, 3, 5, 1, 7, 0, 9, 7, 6]
#a2_list
[1, 0, 0, 1, 0, 0, 1, 0, 1, 0, 0, 1, 0, 0, 1, 0, 1, 0, 1, 1]
```

通过定义的熵函数来计算两组数据的熵，其结果如下所示。

```
entropy_func(b10_list)                #输出↓
3.1086949695628414
entropy_func(a2_list)                 #输出↓
0.9927744539878083
```

下面举一个实例，比如有两家奶茶店，A 家只卖两种奶茶（香蕉牛奶和红豆奶茶）；B

家卖多种奶茶(香蕉牛奶、青橙果汁、红豆奶茶以及珍珠奶茶等10种奶茶)。试猜测一个顾客去A家与B家会点哪种奶茶,猜中A家的概率比猜中B家的概率大。因为A家的信息熵小,不确定性小。

定义 4.9 特征熵

给定一个样本数据集 D,选择特征为 A 作为决策树判断节点时,其在特征 A 条件下的熵为特征熵。表达式为:

$$H_A(D) = -\sum_{i=1}^{k} \frac{|D_i|}{D} \times H(D_i) \tag{4.48}$$

其中,k 表示样本数据 D 被划分为 k 个部分。

定义 4.10 信息增益

信息增益(information gain)表示得知特征 x 的信息后,而使得 y 的不确定性减少的程度,记为:

$$\text{gain}(D,A) = H(D) - H_A(D) \tag{4.49}$$

其意义是指在一个条件下,信息不确定性减少的程度。通常减少的程度越大越好,也就是说信息增益越大越好。

定义 4.11 信息增益率

根据式(4.48)和式(4.49),令

$$\text{gain}_R(D,A) = \frac{\text{gain}(D,A)}{H_A(D)} \tag{4.50}$$

称 $\text{gain}_R(D,A)$ 为信息增益率。

定义 4.12 基尼系数

给定一个数据集 D,含有 c 种类别,则:

$$\text{gini}(D) = 1 - \sum_{i=1}^{c} p_i^2 \tag{4.51}$$

称 $\text{gini}(D)$ 为基尼系数。其中,p_i 表示类别 i 样本数量占所有数据集 D 数量的比例。

根据式(4.51),显然当数据混合程度越大时,其基尼系数越高。当数据集 D 只有一个类别时,其基尼系数值最小。当为二分类时,$\text{gini}(p)=2p(1-p)$。

关于决策树的研究,现在主要有3种算法,分别为ID3算法、C4.5算法和CART算法,读者也可以查阅改进的算法。3种算法的相关信息如表4.11所示。

表 4.11 常见决策树算法

算法	日期	分支方法	说 明
ID3	1986	信息增益	仅对特征数据为离散型构建决策树、分类。不可剪枝
C4.5	1993	信息增益率	可处理连续型数据,并解决ID3的不足、分类。可剪枝
CART	1984	基尼系数	不仅可以处理离散型数据,也可以处理连续型数据,且可以分类、回归。可剪枝

其中,ID3和C4.5算法由同一个作者(Quinlan)提出,CART算法由Breiman等人提出。

4.5.2 步骤

决策树算法流程如下所示。

算法 1 决策树的基本算法

输入：

训练集 D；属性集 $A=\{a_1,a_2,\cdots,a_d\}$

输出：

输出 node 为根节点的一棵决策树

构造函数 TreeGenerate(D,A),生成节点 node
if D 中的样本全属于同一类别 c then
    将 node 标记为 c 类叶节点；return
end if
if $A=\varnothing$ or D 中样本在 A 上取值相同 then
    将 node 标记为叶节点,其类别标记为 D 中样本类最多的类；return
end if
从 A 中选择最优划分特征（属性)a_*
for a_* 的所有值 a_*^v do
    为 node 构建一个分支；令 D_v 表示 D 中在 a_* 上取值为 a_*^v 的样本子集；
    if D_v 为空 then
        将分支节点标记为叶节点,其类别标记为 D 中样本最多的类；return
    else
        以 TreeGenerate(D_v,$A\backslash a_*$)为分支节点
    end if
end for
return
    决策树

算法 1 中有 3 个 return,这里对 3 个 return 进行阐述。

- 第 1 个 return,当前节点包含的样本全属于同一个类别,需要进一步划分；
- 第 2 个 return,当前特征集(属性集)为空,或是所有样本在所有属性取值相同,无法划分(将当前节点标记为叶节点,将其类别设定为该节点所含样本最多的类别,进行后验分布)；
- 第 3 个 return,当前节点包含样本集为空,无法划分(将当前节点标记为叶节点,其类别为父节点所含样本最多的类别,将父节点的样本分布作为当前节点的先验分布)。

4.5.3 实例

根据网络搜集到关于打网球相关的数据,再根据天气情况决定是否打网球。其数据内容如表 4.12 所示。

表 4.12 打网球数据集

Day	OutLook	Temperature	Humidity	Wind	PlayTennis
1	Sunny	Hot	High	Weak	No
2	Sunny	Hot	High	Strong	No
3	Overcast	Hot	High	Weak	Yes
4	Rainy	Mild	High	Weak	Yes
5	Rainy	Cool	Normal	Weak	Yes
6	Rainy	Cool	Normal	Strong	No
7	Overcast	Cool	Normal	Strong	Yes
8	Sunny	Mild	High	Weak	No
9	Sunny	Cool	Normal	Weak	Yes
10	Rainy	Mild	Normal	Weak	Yes
11	Sunny	Mild	Normal	Strong	Yes
12	Overcast	Mild	High	Strong	Yes
13	Overcast	Hot	Normal	Weak	Yes
14	Rainy	Mild	High	Strong	No

该问题属性集 $A=\{\text{Yes},\text{No}\}$，从表中数据可以统计，去打网球(Yes)的概率为$\frac{9}{14}$，不去打网球(No)的概率为$\frac{5}{14}$。根据式(4.51)，数据集 D 的信息熵为：

$$H(D)=-\frac{5}{14}\text{lb}\left(\frac{5}{14}\right)-\frac{9}{14}\text{lb}\left(\frac{9}{14}\right)\approx 0.9403 \tag{4.52}$$

下面计算特征 OutLook、Temperature、Humidity 以及 Wind 对数据集 D 的信息增益。其计算结果如表 4.13 所示。

表 4.13 各特征对数据 *D* 的信息增益

index	feature	No	Yes	cond_sum	entropy	total_data	prob	prob_entropy
Overcast	OutLook	0.0	4.0	4.0	0.000000	14.0	0.285714	0.000000
Rainy	OutLook	2.0	3.0	5.0	0.970951	14.0	0.357143	0.346768
Sunny	OutLook	3.0	2.0	5.0	0.970951	14.0	0.357143	0.346768
Cool	Temperature	1.0	3.0	4.0	0.811278	14.0	0.285714	0.231794
Hot	Temperature	2.0	2.0	4.0	1.000000	14.0	0.285714	0.285714
Mild	Temperature	2.0	4.0	6.0	0.918296	14.0	0.428571	0.393555
High	Humidity	4.0	3.0	7.0	0.985228	14.0	0.500000	0.492614
Normal	Humidity	1.0	6.0	7.0	0.591673	14.0	0.500000	0.295836
Strong	Wind	3.0	3.0	6.0	1.000000	14.0	0.428571	0.428571
Weak	Wind	2.0	6.0	8.0	0.811278	14.0	0.571429	0.463587

如表 4.13 所示，cond_sum 表示不同特征下不同特征出现的频数，其各个特征下的信息熵也是比较好计算的，比如当 index＝Overcast 和 feature＝OutLook 时，其信息熵(entropy)为：$-\frac{0}{4}\mathrm{lb}\left(\frac{0}{4}\right)-\frac{4}{4}\mathrm{lb}\,\frac{4}{4}=0$，total_data 表示数据集 D 的数量，prob 即 cond_sum 与 total_data 的比例，prob_entropy 表示 prob 与 entropy 的乘积。若按照特征(feature)对 prob_entropy 进行求和，即可得到特征熵，如表 4.14 所示。

表 4.14　各特征的特征熵

feature	prob_entropy	feature	prob_entropy
Humidity	0.788450	Temperature	0.911063
OutLook	0.693536	Wind	0.892159

实现代码如下所示。

```
#特征 OutLook
In [22]: .285714 * 0 + .357143 * 0.970951 + 0.357143 * 0.970951
Out[22]: 0.693536705986
```

根据数据集 D 的信息熵 0.940286，可以很容易地得到其信息增益，如表 4.15 所示。

表 4.15　数据集的信息增益

feature	prob_entropy	feature	prob_entropy
Humidity	0.151836	Temperature	0.029223
OutLook	0.246750	Wind	0.048127

根据表 4.15 的计算结果，特征 OutLook 的信息增益最大，将其定为根节点。OutLook 有 3 个离散值数据：Sunny、Overcast 和 Rainy，将数据集划分为 3 部分。再通过以上计算方式可以得到。即 OutLook 特征下 Sunny 下的节点为 Humidity，Overcast 下的类只有 Yes(无节点)，Rainy 下的节点为 Wind。实现代码如下所示。

```
{'OutLook->Sunny': ['Humidity'],
'OutLook->Overcast': ['Yes'],
'OutLook->Rainy': ['Wind']}
```

根据得到的节点再通过以上方式计算直到无分支结束①。

模块 sklearn 中有成熟的决策树程序包，其调用方式也非常简单。现在给出其实现过程，首先需要对分类数据进行数值化处理。

① https://zh.wikipedia.org/wiki/决策树。

```
#可实验 LabelEncoder 与 OneHotEncoder 的区别
from sklearn.preprocessing import LabelEncoder, OneHotEncoder
from sklearn import tree
import pydotplus
from graphviz import dot
from IPython.display import Image
#复制一份数据
data_copy_df = data_df.copy()
label_Code = LabelEncoder()
#分类数据数值化处理
for feature in data_copy_df.columns:
    data_copy_df[feature] = label_Code.fit_transform(data_copy_df[feature])
#决策树,通过信息增益和 log 来计算
clf = tree.DecisionTreeClassifier(criterion = 'entropy', max_features = 'log2')
clf.fit(data_copy_df[['OutLook','Temperature','Humidity','Wind']], data_copy_df.PlayTennis)
#绘图
dot_data = tree.export_graphviz(clf, out_file = None,
                               feature_names = ['OutLook', 'Temperature', 'Humidity', 'Wind'],
                               class_names = ['No', 'Yes'],
                               filled = True, rounded = True,
                               special_characters = True)
graph = pydotplus.graph_from_dot_data(dot_data)
Image(graph.create_png())
```

实现决策树的可视化，需要安装必要的软件（graphviz）和模块（graphviz 和 pydotplus），在终端进行安装。

```
#Linux
apt-get 或 yum install graphviz
#Windows
从官方网站下载 msi 文件进行安装
#Mac OS
brew install graphviz                    #brew 安装
port install graphviz                    #MacPorts 安装
#Python3 模块安装
pip3 install graphviz
pip3 install pydotplus
```

注意：Mac 系统下推荐通过 MacPorts① 来安装，若读者通过 Homebrew 安装了 Python3，则需要先卸载 Python，才能安装 graphviz。

根据以上运行代码，其决策树如图 4.14 所示。

---

① https://www.macports.org/。

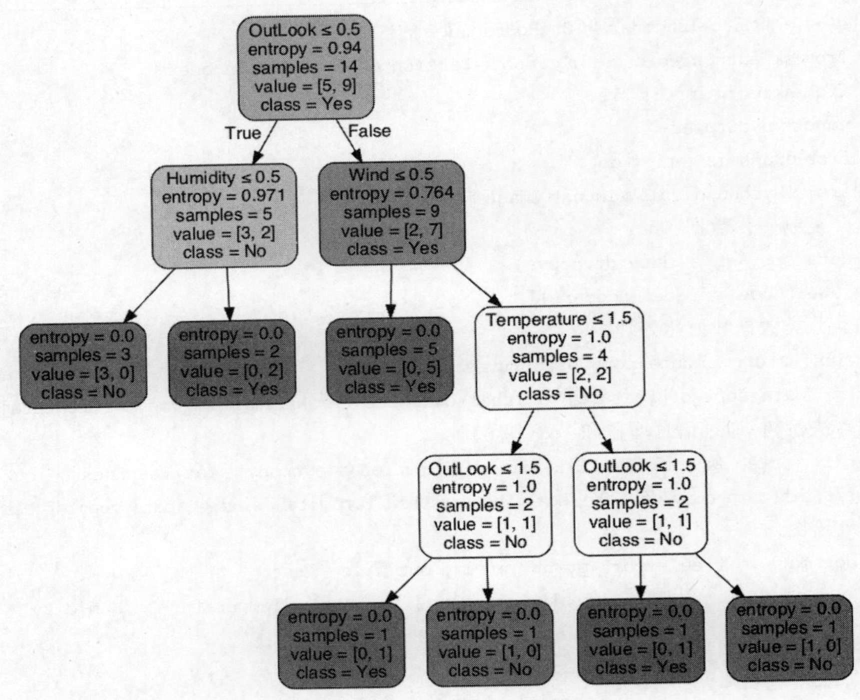

图 4.14 决策树示意图

这里实现了基于信息增益算法实现的决策树算法，读者可以尝试其他的决策树方法，针对模型的评估这里不再额外阐述。决策树在分类过细的情况下也会出现过拟合现象，读者可以通过调整相应的参数来解决问题。

4.6 随机森林

视频讲解

4.6.1 算法思想

随机森林(random forest)作为集成学习算法中的一种，有着非常好的性质。顾名思义，随机森林就是通过随机方式构建一个森林，而森林里面有多个决策树。不同于Bagging算法，随机森林在构建每一棵决策树时，采样需要完全分裂，采样即通过对训练集进行行和列有放回地随机采样，允许重复的样本，这样采样在一定程度上可以抑制过拟合问题。列采样时，从 d 个特征中选择 $k(k\leqslant d)$个，这个决策树可以根据较少的特征来进行划分低维空间，以完全分裂的方式构建决策树，使得采样决策树的分类结果要么在某个叶节点无法分裂，要么其样本都属于同一分类，这样可有效避免过拟合现象。

针对随机森林的算法，这里直接采用 sklearn 模块来实现。

4.6.2 实例

这里针对表 4.12 数据来实现随机森林，其代码如下所示。

```
import pandas as pd
import numpy as np
from sklearn.preprocessing import LabelEncoder
from sklearn.ensemble import RandomForestClassifier
from sklearn.model_selection import train_test_split
from sklearn.metrics import precision_score, recall_score
from sklearn.metrics import f1_score
path = "../dataSets/playball.txt"
data_df = pd.read_csv(path, sep = " ", index_col = 'Day')
#列标签
y_label = 'PlayTennis'
dim_list = [i for i in data_df.columns if i not in [y_label]]
#10 棵树
clf = RandomForestClassifier(n_estimators = 10)
label_Code = LabelEncoder()
data_copy_df = data_df.copy()
#分类数据数值化
for feature in data_copy_df.columns:
    data_copy_df[feature] = label_Code.fit_transform(data_copy_df[feature])
#分割训练集、测试集
x_train, x_test, y_train, y_test = train_test_split(data_copy_df[dim_list],
                                    data_copy_df.PlayTennis,test_size = 0.33)
clf.fit(x_train, y_train)
clf.score(x_test, y_test)                    #0.8
#预测数据集
pred_x = clf.predict(x_test)
precision_score(pred_x, y_test.values)       #精确率 0.75
#Yes 是正例
recall_score(pred_x, y_test.values)          #召回率 1.0
f1_score(pred_x, y_test.values)              #0.8571428571428571
```

模块 sklearn 的随机森林算法非常强大,其参数非常多。读者可以查阅官方文档来进行学习和了解,在工作中需要调参来获得最佳的模型。

```
RandomForestClassifier(bootstrap = True, class_weight = None, criterion = 'gini',
max_depth = None, max_features = 'auto', max_leaf_nodes = None,
min_impurity_decrease = 0.0, min_impurity_split = None,
min_samples_leaf = 1, min_samples_split = 2,
min_weight_fraction_leaf = 0.0, n_estimators = 10, n_jobs = None,
oob_score = False, random_state = None, verbose = 0,
warm_start = False)
```

4.7 集成学习

介绍完随机森林算法后，非常有必要介绍集成学习的其他算法。集成学习就像多名医生根据同一个病人的化验报告独自给出诊断结果，再以诊断结果相同次数最多的作为该病人的最终诊断结果，这样可有效避免误诊。因此，集成学习的关键就在于医生的专业水平和诊断方式，不仅要求专业水平高，还要满足诊断病情的切入点不同，通俗而言就是好而不同。

集成学习主要有两类：

- 弱模型（基分类器）之间强依赖关系，以串行的方式进行，如 Boosting；
- 弱模型（基分类器）之间弱（无）依赖关系，可并行计算，如 Bagging、随机森林（random forest）。

本节简要阐述以 3 种集成学习方法的核心理念，以便读者可以较好地进行对比和学习。

4.7.1 Bagging

Bagging（bootstrap appregating），其实质是通过 Bootstrap 抽取多组数据集，训练出多组模型，再基于这些模型来进行预测。

其算法流程如图 4.15 所示。

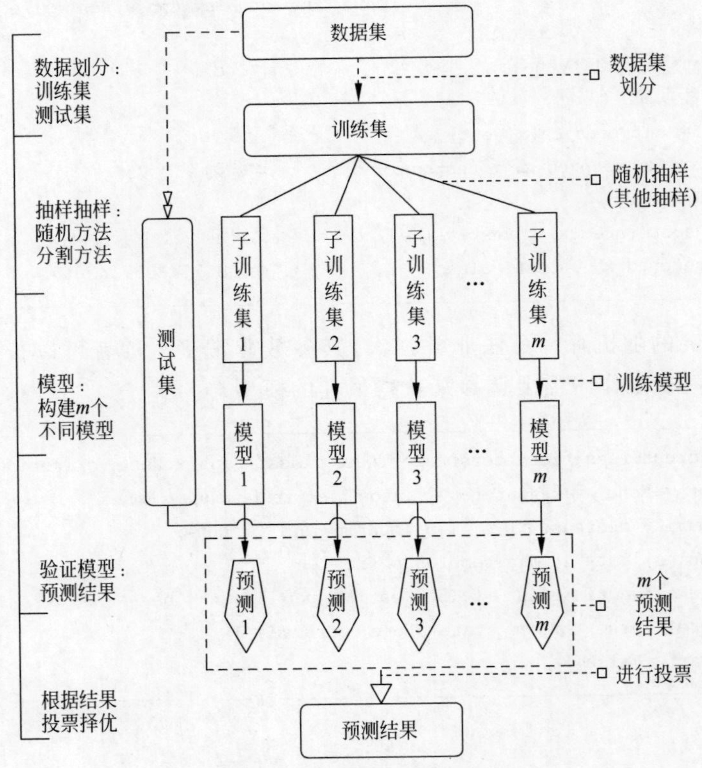

图 4.15　Bagging 集成学习方法

随机森林算法通过 Bagging 和随机选择特征来实现的，比如每个子集的最大特征为 k 个，则每棵决策树与通常所说的决策树无差别。当 $k=1$ 时，即为单特征决策树，在日常工作中，通常建议取 $k=\text{lb}(2d)$，其中 d 为数据集特征数量。

4.7.2 Boosting

Boosting 算法是一个串行过程，其计算方式如图 4.16 所示。

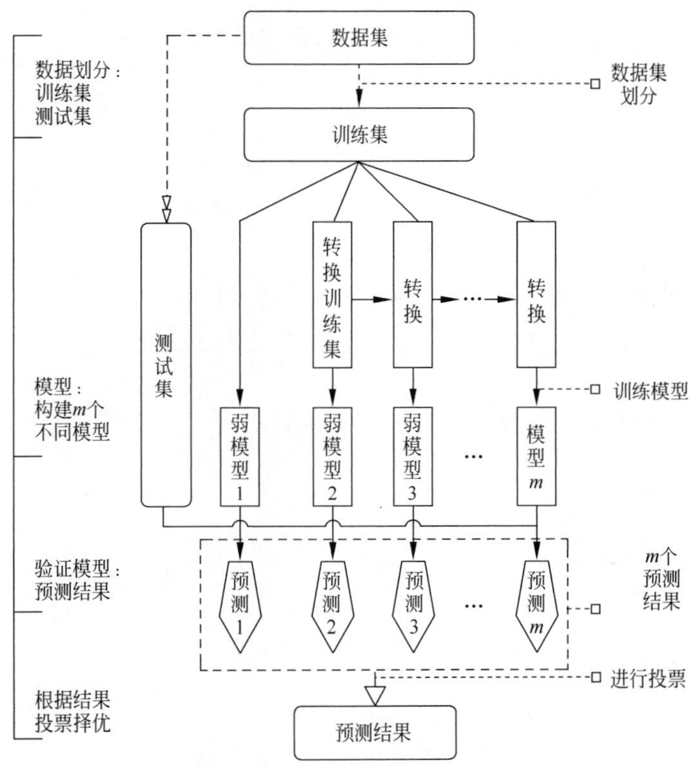

图 4.16　Boosting 集成学习方法

如图 4.16 所示，通过 m 个弱模型（分类器）对训练集进行模型训练，其过程就是先对 m 个训练集样本进行训练得到弱模型 1，然后将弱模型 1 分错的训练集数据和其他的新数据构成一个新的含有 m 个训练集的新样本（称为转换），再次训练得到模型 2，直到得到弱模型 m，最终根据每个弱模型的结果，以少数服从多数的方法来表决其类别（比如狼人杀游戏的投票环节）。

Boosting 主要存在两个问题：

- 如何合理调整训练集，使得训练后的弱模型更为合理；
- 如何将训练得到的各个弱模型联合起来成为一个强（分类）模型。

针对 Boosting 算法存在的问题，算法 AdaBoot 对其进行修正：

- 以样本加权的方式对训练集进行操作，进而得到新训练集进行模型训练；

• 多个弱模型构建一个强分类模型时，以加权的方式进行投票，也就是侧重于弱分类模型较好的模型。

这里给出 AdaBoot 算法原理的实现过程，伪代码如下所示。

算法 2　AdaBoot 算法

输入：

训练集 $D_{m\times n}$；初始化样本权重 $w_i^{(1)}=\frac{1}{m}$；允许错误率参数 β

输出：

强分类器

对每一个样本初始化权值 $w_i^{(1)}=\frac{1}{m}$；

for 迭代 t do

　通过训练集训练弱（分类）模型 Model_t，并计算其错误率

$$\varepsilon=\frac{\text{错分类的样本量}\times\text{错分类样本的权值}}{\text{总样本加权和}}$$

　弱(分类)模型 Model_t 的权值 $\alpha=\frac{1}{2}\ln\left(\frac{1-\varepsilon}{\varepsilon}\right)$

　if 样本分类正确，减少权值 then

　　$w_i^{(t+1)}=\frac{w_i^{(t)}\mathrm{e}^{-\alpha}}{\text{sum}(w)}$

　else

　　若分类错误，则加大权值 $_i^{(t+1)}=\frac{w_i^{(t)}\mathrm{e}^{\alpha}}{\text{sum}(w)}$

　end if

　训练错误率达到 β，或弱分类器数目达到指定的数量。

end for

return

强分类器

4.7.3 Stacking

Stacking 集成算法可以简单地看成对数据集两次预测：第一次可以视为一种数据转换；第二次视为对转换后的数据进行建模。该算法复杂度略高，但在某些场合不失为一种有效的方法，其算法流程如图 4.17 所示。

集成算法在日常工作中有着非常重要的作用，其效果大概率好于单个模型的结果，唯一不足之处在于计算成本较大。

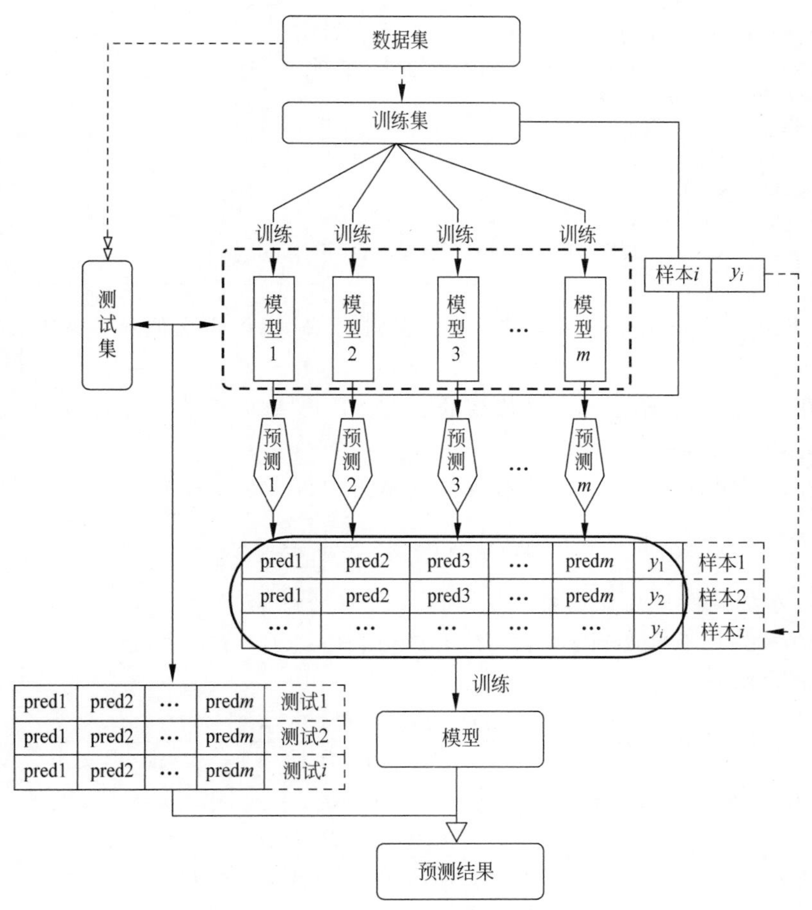

图 4.17　Stacking 集成学习方法

4.8　朴素贝叶斯

4.8.1　算法思想

朴素贝叶斯(Naïve Bayes,NB)算法是由托马斯·贝叶斯(Thomas Bayes,1702—1761)提出,是十大数据挖掘算法之一,其算法属于监督学习,旨在解决分类问题。其算法在使用之前需要一定的假设,假设变量(特征)之间需要相互独立,这也是该算法受制约的一方面。

在介绍朴素贝叶斯算法之前,需要补充一些相关基本知识,通过 matplotlib_venn 模块画一个简单的韦恩图,如图 4.18 所示。

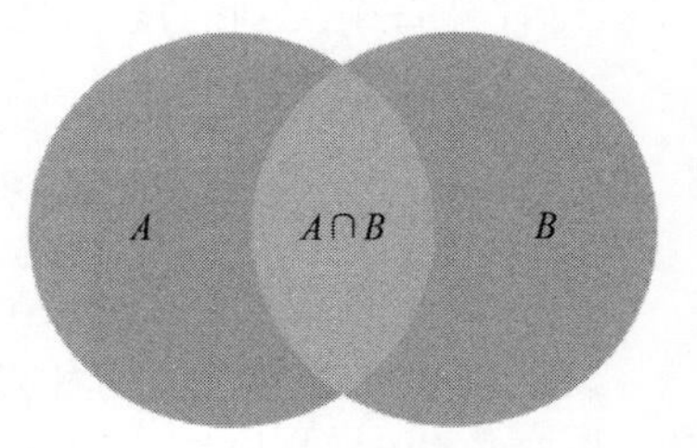

图 4.18　韦恩图

实现图 4.18 的代码如下所示。

```
import matplotlib.pyplot as plt
from matplotlib_venn import venn2, venn3, venn2_circles
import numpy as np
%matplotlib inline                          # Notebook 中
v = venn2(subsets=[2, 2, 1], set_labels=('', ''))
v.get_label_by_id('10').set_text("$A$")
v.get_label_by_id('01').set_text("$B$")
v.get_label_by_id('11').set_text("$A\cap B$")
```

注意：模块 matplotlib_venn 需要通过 pip 进行安装，该模块依赖 NumPy、Matplotlib、SciPy 等模块。

根据图 4.18 所示，给出其条件概率的定义表达形式。

定义 4.13　条件概率

假定已知事件 B 已发生，且事件发生概率为 $P(B)>0$，记

$$P(A \mid B)=\frac{P(A \cap B)}{P(B)} \tag{4.53}$$

称 $P(A|B)$ 为在事件 B 发生的条件下事件 A 发生的概率。

根据式(4.53)，不难得到 $P(A\cap B)=P(A|B)P(B)$，$P(A\cap B)=P(B|A)P(A)$，根据贝叶斯定理，有：

$$P(B \mid A)=\frac{P(A \mid B)P(B)}{P(A)}=\frac{P(A \mid B)P(B)}{P(B \cap A)+P(B^c \cap A)} \tag{4.54}$$

其中 B^c 为 B 的补集。再对式(4.54)进一步整理，得：

$$P(B \mid A)=\frac{P(A \mid B)P(B)}{P(A \mid B)P(B)+P(A \mid B^c)P(B^c)} \tag{4.55}$$

4.8.2　步骤

朴素贝叶斯分类器实现过程是非常简单的，这里给出离散型数据集的朴素贝叶斯分类器的实现步骤。

对于样本量为 m、维度为 d、类别数目为 c 的训练集 $D=\{(x_i,y_i)\}$，其中 $y_i\in\{c_1,c_2,\cdots,c_c\}$，$x_i=(x_{i1},x_{i2},\cdots,x_{id})(i=1,2,\cdots,m)$。给定一个待测样本 $x=(x_1,x_2,\cdots,x_d)$，判断其类别标签 $x_{\text{label}}\in\{c_1,c_2,\cdots,c_c\}$。

- 计算每个类别的概率 $P(Y=c_j)$，$j=1,2,\cdots,c$；
- 计算每个类别下每个特征的条件概率 $P(X=x_i|Y=c_j)$；
- 计算 $\arg\max\limits_{c_j} P(Y=c_j)\prod\limits_{i=1}^{d} P(X=x_i \mid Y=c_j)$；
- 计算值最大的类别 c_j 值就是待测样本的类别标签。

以上就是离散型数据的朴素贝叶斯分类器算法，其实质就是条件概率的运算。这里举一个简单的实例(模拟数据，仅阐述算法实现过程)，女生根据男生的一些信息，来判断是否有意向接受该男生约会(外表：一般，收入：中，受教育水平：本科)来进一步发展，其训练集如表 4.16 所示。

表 4.16 训练集

id	appearance	income	education	intention
0	帅	高	本科	有
1	帅	低	专科	无
2	一般	高	研究生	有
3	一般	中	本科	无
4	帅	中	本科	有

其中,appearance、income、education 和 intention 分别表示外表、收入、受教育水平、是否有意愿。不难发现,5 个样本中有意愿的概率为 0.6,无意愿的概率为 0.4,先计算有意愿的条件概率。

- 有意愿概率 P(intention=有)=3/5=0.6;
- 有意愿条件下外表为一般的概率:P(appearance=一般|intention=有)=1/3=0.333;
- 有意愿条件下收入中的概率:P(income=中|intention=有)=1/3=0.333;
- 有意愿条件下受教育水为本科的概率:P(education=本科|intention=有)=2/3=0.667;
- 该女生有意愿见该男生的概率:P(intention=有|appearance=一般,income=中,education=本科)=0.6×0.333×0.333×0.667=0.0447。

通过同样的方式计算该女生不见该男生的概率为 0.05,由于 0.05 大于 0.0447,结论即该女生不愿见该男生。

为了方便读者理解,将在实例中给出连续型数据的朴素贝叶斯分类器实现过程。

4.8.3 实例

本节采用维基百科中的一个数据集进行朴素贝叶斯分类①。该数据集包含人类身体特征信息:身高(height)、体重(weight)、脚的尺码(footsize)和性别(gender)。要根据这些信息来判断性别。人类身体特征信息如表 4.17 所示。

表 4.17 人类身体特征信息

id	height	weight	footsize	gender
0	6.00	180	12	男
1	5.92	190	11	男
2	5.58	170	12	男
3	5.92	165	10	男
4	5.00	100	6	女
5	5.50	150	8	女
6	5.42	130	7	女
7	5.75	150	9	女

① https://zh.wikipedia.org/wiki/朴素贝叶斯分类器。

表 4.17 的特征信息说明如表 4.18 所示。

表 4.18 人类身体特征信息说明

id	height	weight	footsize	gender
序号	身高/ft	体重/磅	脚掌/ft	性别

注：1ft=0.3048m,1in=0.0254m。

将表 4.17 所示的信息构建成 DataFrame 数据结构。

```
import pandas as pd
import numpy as np
#身高
height_list = [6, 5.92, 5.58, 5.92, 5, 5.5, 5.42, 5.75]
#体重
weight_list = [180, 190, 170, 165, 100, 150, 130, 150]
#脚的尺寸
footsize_list = [12, 11, 12, 10, 6, 8, 7, 9]
#性别
gender_list = ['男'] * 4 + ['女'] * 4
#构建 dataframe
data_info = pd.DataFrame(
{
    "height" : height_list,
    "weight" : weight_list,
    "footsize": footsize_list,
    "gender" : gender_list
})
```

这里面临一个问题,就是多个变量都是连续变量,比如身高、体重和脚掌。面对这种问题,大体上有两种方法可以处理:①对数据进行离散化处理,以区间的形式进行划分;②利用密度函数。这里不妨假设人类的身高、体重和脚掌符合正态分布,那么计算出各特征的均值和方差,也就是正态分布的密度函数。

```
gender_describe = data_info.groupby('gender').describe().T
gender_describe.reset_index(inplace = True)
gender_mean_std.query("level_1 in ['std', 'mean']")
```

运行以上代码,其结果如表 4.19 所示。

表 4.19 男女各特征的均值和标准差

level_0	level_1	女	男
height	mean	5.417500	5.855000
height	std	0.311809	0.187172
weight	mean	132.500000	176.250000
weight	std	23.629078	11.086779
footsize	mean	7.500000	11.250000
footsize	std	1.290994	0.957427

现在已知某个人身高 6ft，体重 130 磅，脚掌 8in，需要确定这个人的性别是男还是女。根据朴素贝叶斯分类器需要计算以下公式的值。

$$P(\text{height} \mid \text{gender}) \times P(\text{weight} \mid \text{gender}) \times P(\text{fontsize} \mid \text{gender}) \times P(\text{gender}) \tag{4.56}$$

由表 4.19 可以得到男性身高的均值为 5.855，标准差为 0.187172（这里假设数据满足正态分布）。关于正态分布的密度函数可以通过以下代码实现。

```
def normal_func(value, mu, sigma):
    '''
    正态密度函数
    \frac{1}{\sqrt{2 \pi \sigma^{2}}} \exp \left(\frac{ - (value - \mu)^{2}}
                                          {2 \sigma^{2}}\right)
    :param value: 待测值
    :param mu: 正态分布的均值
    :param sigma: 正态分布的标准差
    :return: value 的密度函数的值
    '''
    frac1 = 1 / (np.sqrt(2 * np.pi) * sigma)
    frac2 = -1 * (value - mu) ** 2 / (2 * sigma ** 2)
    return frac1 * np.exp(frac2)
```

通过定义的密度函数，可以很容易地计算出其概率密度函数。

$$P(\text{height}=6 \mid \text{gender}=\text{男})=\frac{1}{\sqrt{2\pi\sigma^2}}\exp\left(\frac{-(6-\mu)^2}{2\sigma^2}\right)=1.5789 \tag{4.57}$$

不难发现其实现过程是比较简单的。现在对待测样本进行性别判断，下面通过 pandas 来实现。

```
x_dict = {
    'height': 6,
    'weight': 130,
    'footsize': 8}
p_result_dict = {}
for feature, value in gender_mean_std.groupby("level_0"):
    for gender in ['男', '女']:
        mean_value = value.query("level_1 in ['mean']")[gender].values[0]
        std_value = value.query("level_1 in ['std']")[gender].values[0]
        p_result_dict[feature + ":" + gender] = normal_func(x_dict[feature],
                                            mean_value, std_value)
#类别标签概率
gender_prob_dict = (data_info.gender.value_counts() / data_info.shape[0]).to_dict()
#合并字典
combine_dict = {**p_result_dict, **gender_prob_dict}
print(combine_dict)
{'footsize:男': 0.0013112210442223463,
```

```
'footsize:女': 0.286690699891019,
'height:男': 1.578883183264104,
'height:女': 0.223458726844816,
'weight:男': 5.986743024812152e-06,
'weight:女': 0.016789297889908364,
'男': 0.5,
'女': 0.5}
```

通过以上几行代码就得到了所有的基本信息，下面直接代入朴素贝叶斯分类器公式。代码如下所示。

```
#初始化男女的概率值
male_prob = 1
female_prob = 1
for keys, value in combine_dict.items():
    if '男' in keys:
        male_prob *= value
    else:
        female_prob *= value
#打印输出↓
print(male_prob, female_prob)
(6.197071843878094e-09, 0.0005377909183630024)
print(male_prob / female_prob)
1.1523199132372006e-05
```

通过计算结果不难发现该待测样本是女性的概率远远大于是男性的概率，因此将其判断为女性。通常在实际应用中直接比较 male_prob 和 female_prob 的大小，将较大值对应的类别标签作为待测样本的类别。

这里通过 sklearn 模块中的高斯朴素贝叶斯(Gaussian Naive Bayes)实现算法。除此之外，还有多项式朴素贝叶斯(Multinomial Naive Bayes)、伯努利朴素贝叶斯(Bernoulli Naive Bayes)。高斯朴素贝叶斯算法实现代码如下所示。

```
#模块
from sklearn.naive_bayes import GaussianNB
clf = GaussianNB()
#训练
clf.fit(data_info[['height', 'weight', 'footsize']], data_info.gender)
#预测
clf.predict([[6, 130, 8]])
#array(['女'], dtype='<U1')
```

其预测结果与自定义方法获得的效果是一致的，建议读者练习其他两种方法，并查阅相关文献分析和探究算法的异同点。

4.9 k最近邻算法

4.9.1 算法思想

k最近邻(k-Nearest Neighbor,kNN)算法作为数据挖掘十大经典算法之一,由Cover和Hart于1967年提出,在实际问题中具有广泛的应用。kNN算法是一种应用广泛的惰性学习方法,其思想清晰简明,易于实现,也属于监督学习中的一种。

对于样本量为m、维度为n、类别数目为c的训练集$D=\{(x_i,y_i)\}$,其中$y_i\in\{c_1,c_2,\cdots,c_c\}(i=1,2,\cdots,m)$,给定一个待测数据$x$,计算$x$与训练集$D$的每个数据的距离(二范数),即可得到与训练集数量一致的结果,然后对结果(距离)从小到大进行排序,人为设定一个常数k(通常为奇数),选取前k个最小二范数结果对应的标签,以少数服从多数的原则,将待测数据x的分类划分为出现次数最多的标签。显然,kNN算法的思想非常简单、易懂。关于kNN算法的改进有很多种,但其核心不变。从其计算思想而言,不难发现测试数据受参数k的影响,而在实际应用中通常采用多个k值再进行以少数服从多数的思想来预测类别。另外,kNN算法易受训练集质量的影响,质量的好坏对预测结果的准确度影响非常大。

定义4.14 改进的二范数

给定两个向量$\boldsymbol{x}=(x_1,x_2,\cdots,x_n)$,$\boldsymbol{y}=(y_1,y_2,\cdots,y_n)\in R^n$,则

$$\|\boldsymbol{x}-\boldsymbol{y}\|_2=\sqrt{\frac{\sum_{i=1}^{n}w_i(x_i-y_i)^2}{n-1}} \tag{4.58}$$

其中$w_i\in[0,1]$表示第i特征对应的权重系数,当$w_i\equiv1$时,即为常规二范数。

kNN算法应用非常广泛,除了用于数值型数据的分类外,还可以处理缺失值数据问题。kNN算法对于数据在高维空间中呈现“凸”的分类结果比较好。这里通过一个简易的图来阐述,如图4.19所示。

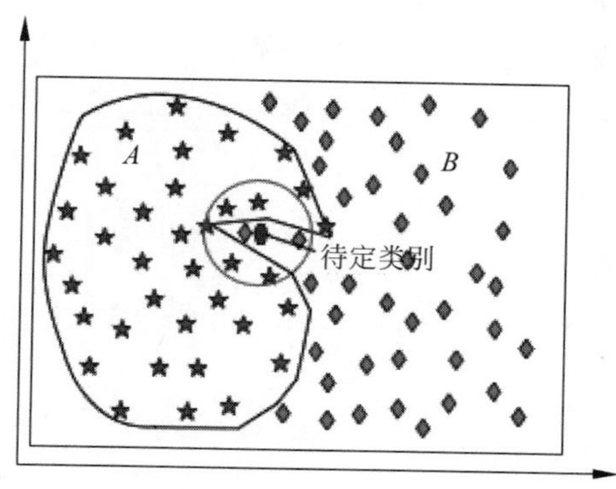

图4.19 kNN算法思想原理

图4.19中,数据集有A,B两类,现在需要对待测数据进行分类,选取$k=7$时,通过二范数计算待测数据与训练集各个数据的距离,前7个近邻数据中有5个属于数据集A,

2 个属于数据集 B，按照少数服从多数的思想，待测类别应为 A 类，若 $k=2$ 时，待测类别应为 B 类。数据集在空间中类别非凸时，kNN 算法的效果并不理想。

4.9.2 步骤

已知类别数据集（训练数集）$D=\{(x_i,y_i)\}(i=1,2,\cdots,n)$，对未知类别数据集 T_{test} 进行分类。下面给出算法的伪代码。

算法 3 kNN 算法

输入：

训练集 D 和 k 值，

未知类别数据集 T_{test}。

输出：

未知类别数据集 T_{test} 对应的分类标签

for i do
  计算未知类别样本 $t^i_{\text{test}} \in T_{\text{test}}$ 与 D 的欧氏距离（或其他距离）；
  将距离以升序的方式进行排序.
  选取前 k 个已知类别数据集的数据.
  统计前 k 个数据所属不同类别出现的频数.
  频数最大的类别的标签作为未知类别样本 t^i_{test} 的标签。
end for
return

T_{test} 数据集对应的类别标签

4.9.3 实例

kNN 算法的思想原理是非常简单的，本算法的实例依然采用经典数据集 iris，关于数据集的相关信息可以参照线性判别分析中的实例。

```
#导入包
import numpy as np
import pandas as pd
import os, sys
from sklearn.model_selection import train_test_split
#数据集路径
path = "../data/iris.csv"
data_df = pd.read_csv(path)
#分类
label_arr = data_df['class'].unique()
```

```
label_dict = {value:ix for ix, value in enumerate(label_arr)}
data_df['y_label'] = data_df['class'].map(lambda x: label_dict[x])
#划分成自变量、因变量
x_data = data_df[[i for i in data_df.columns if i not in ['class', 'y_label']]]
y_data = data_df.y_label
#训练集:测试集为8:2
x_train, x_test, y_train, y_test = train_test_split(x_data, y_data, test_size=.2,
                                   random_state=42)
```

以上代码实现了数据的读取、标签数值化,并划分为训练集和测试集,现在对测试集进行预测,借助 pandas 模块来完成,可以令 $k=5$ 并采用常规二范数计算距离。代码如下所示。

```
k_value = 5
pred_list = []
for ix, test in x_test.iterrows():
    #二范数,不考虑开方和分母部分
    tmp_df = (x_train - test).apply(lambda x: x * x).sum(axis=1).sort_values()
    #前k个预测标签,返回出现次数(频数)最多的标签
    pred_label = y_train.loc[tmp_df.iloc[:k_value].index].value_counts().sort_
                                   values(ascending = False).index[0]
    pred_list.append(pred_label)
```

以上完成了对测试集数据的预测结果,现在来验证其分类正确率。

```
y_test_list = y_test.values.tolist()
checkout_list = [1 if value == pred_list[ix] else 0 for ix,value in enumerate(y_test_list)]
accuracy = sum(checkout_list) / len(checkout_list)
```

本实例的正确率为100%,建议读者动手实践一下。关于 kNN 算法的改进有多种,模块 sklearn 中提供了4种算法:auto、ball_tree、kd_tree 以及 brute,这里简单介绍其中的一种。

```
#导入模块
from sklearn.neighbors import KNeighborsClassifier
from sklearn.metrics import precision_score, recall_score
from sklearn.metrics import f1_score
#knn分类器
knn = KNeighborsClassifier(n_neighbors=5, algorithm='kd_tree')
#训练训练集
knn.fit(x_train, y_train)
#正确率
knn.score(X=x_test, y=y_test)                         #100%
#预测待测样本类别
knn.predict(X=x_test)
```

通过 sklearn 实现的结果与借助 pandas 构建的结果一致(读者可实践验证),笔者借助 pandas 可以很容易地实现其算法,读者可以自行练习。关于 kNN 算法的其他改进方式不再赘述,读者可以通过知网或其他文献库检索相关的文献来学习。

视频讲解

4.10 k-means 聚类

4.10.1 算法思想

聚类属于无监督学习,也就是说聚类数据不包含所谓的类别标签 y。k-means 聚类算法是聚类算法中最简单的一种方法,但是也是经典的算法之一。该算法由 MacQueenJames 在 1967 年提出,截止到目前,关于 k-means 聚类的优化改进算法有很多种,比如根据初始化簇点的 k-means++、根据距离计算来优化的算法 elkank-means 聚类算法,以及大数据背景下的 mini bacthk-means 聚类算法,等等。这里只对 k-means 聚类算法进行阐述,其他的优化算法或关于聚类的方法可通过知网或其他学术资源查阅相关的文献。

k-means 聚类算法的目的在于根据仅含有特征数据 x,根据人为设定的 k 值,将数据 x 划分为 k 部分,那这 k 个部分可以视为类别标签对数据进行下一步处理。k-means 聚类算法的思想很简单(符合大道至简的观点),对于给定的数据 x 和 k 值,计算样本之间的距离大小,使得簇内的样本点尽量在一起,而使得簇间的距离尽可能的大。

k-means 聚类算法的一个问题就是 k 值的选定,通常需要对数据有充分的认识,也就是根据经验来选择一个合适的 k 值。若没有好的办法,可以通过交叉验证的方式选择一个合适的 k 值。得到合适的 k 值后,就需要设定相应的 k 个初始质心:①随机生成(但要保证 k 个质心两两之间的距离不要太近),质心选择的合理性对于迭代步数、运行时间都有不同程度的影响;②k-means++算法则采用随机选取样本数据中的数据点作为初始质心。

4.10.2 算法步骤

k-means 算法的实现过程是怎样的呢?这里直接通过一个例子来实现。这里先给出一个数据集 X,其数据如表 4.20 所示。

表 4.20 数据集 X

name	x	y
O_1	0	2
O_2	0	0
O_3	1.5	0
O_4	5	0
O_5	5	2

针对一个二维数据集,不妨设定聚类簇的数量 $k=2$,其计算方式如下。

(1) 选择(任意,或随机生成)$O_1(0,2)$、$O_2(0,0)$为初始的簇的中心,即 $M_1=O_1=$

$(0,2)$，$M_2=O_2=(0,0)$。

(2) 对剩余的每个对象，根据其与各个簇中心的距离，将它赋给最近的簇。

对 O_3：

$$\begin{cases} d(M_1,O_3)=\sqrt{(0-1.5)^2+(2-0)^2}=2.5 \\ d(M_2,O_3)=\sqrt{(0-1.5)^2+(0-0)^2}=1.5 \end{cases} \tag{4.59}$$

显然 $d(M_2,O_3)\leqslant d(M_1,O_3)$，故将 O_3 分配给 C_2。

对于 O_4：

$$\begin{cases} d(M_1,O_4)=\sqrt{(0-5)^2+(2-0)^2}=\sqrt{29} \\ d(M_2,O_4)=\sqrt{(0-5)^2+(0-0)^2}=5 \end{cases} \tag{4.60}$$

因为 $d(M_2,O_4)\leqslant d(M_1,O_4)$，故将 O_4 分配给 C_2。

对于 O_5：

$$\begin{cases} d(M_1,O_5)=\sqrt{(0-5)^2+(2-2)^2}=5 \\ d(M_2,O_5)=\sqrt{(0-5)^2+(0-2)^2}=\sqrt{29} \end{cases}$$

因为 $d(M_1,O_5)\leqslant d(M_2,O_5)$，故将 O_5 分配给 C_1。

更新，得到新簇 $C_1=\{O_1,O_5\}$ 和 $C_2=\{O_2,O_3,O_4\}$。

根据平方误差准则，计算单个方差为：

$$\begin{cases} E_1=[(0-0)^2+(2-2)^2]+[(0-5)^2+(2-2)^2]=25 \\ M_1=O_1=(0,2) \end{cases} \tag{4.61}$$

同理，$E_2=27.25$，$M_2=O_2=(0,0)$，总体平均方差为：$E=E_1+E_2=25+27.25=52.25$。

(3) 计算新的簇中心。

$$M_1=((0+5)/2,(2+2)/2)=(2.5,2) \tag{4.62}$$

$$M_2=((0+1.5+5)/3,(0+0+0)/3)=(2.17,0) \tag{4.63}$$

重复(2)和(3)，得到 O_1 分配给 C_1，O_2 分配给 C_2，O_3 分配给 C_2，O_4 分配给 C_2，O_5 分配给 C_1。更新，得到新簇 $C_1=\{O_1,O_5\}$ 和 $C_2=\{O_2,O_3,O_4\}$，中心为 $M_1=(2.5,2)$，$M_2=(2.17,0)$。单个方差分别为：

$$E_1=[(0-2.5)^2+(2-2)^2]+[(2.5-5)^2+(2-2)^2]=12.5 \tag{4.64}$$

同理，$E_2=13.15$。

总体平均误差为：$E=E_1+E_2=12.5+13.15=25.65$。可以看出，第一次迭代后，总体平均误差值显著减小。因为在两次迭代中，簇中心不变，所以停止迭代，算法停止。

4.10.3 实例

通过 kaggle 网址下载了一个名为 Mall Customers 的 200×4 数据集。根据顾客的数据信息，将顾客进行分类。其前 5 个样本如表 4.21 所示。

表 4.21 Mall Customers 数据集(前 5 个样本)

CustomerID	Gender	Age	Annual Income (k$)	Spending Score (1～100)
1	Male	19	15	39
2	Male	21	15	81
3	Female	20	16	6
4	Female	23	16	77
5	Female	31	17	40

根据表 4.21 所示,这是一个包含分类数据和数值数据的数据集,由于本节主要讨论 k-means 聚类算法,因此只考虑年龄(Age)、年收入(Annual Income)和支出分数(Spending Score)3 个维度。设定 $k=2$,则 Python 的算法实现如下所示。

```
#更新簇中心
def update_cluster_center(cluster_center_arr, cluster_ele_dict):
    '''
    根据初始簇中心,更新簇中心、总体平均误差和
    :param cluster_center_arr: array, 质心数组
    :param cluster_ele_dict: dict, 每类对应的样本
    :return: 更新后的簇中心、总体平均误差和
    '''
    cluster_center_arr = cluster_center_arr.copy()
    cluster_center_err = 0
    for ix, value in enumerate(cluster_center_arr):
        #类数据到类中心的距离平方和
        cluster_center_err += np.power((np.array(cluster_ele_dict[ix]) -
                                  value.reshape(1, -1)),2).sum()
        #更新类中心
        cluster_center_arr[ix] = np.r_[np.array(cluster_ele_dict[ix]),
                                  value.reshape(1, -1)].mean(axis = 0)
    return cluster_center_arr, cluster_center_err
#设置聚类数目
cluster_num = 2
#数据集 3 为维度 200 * 3
numb_data_arr = numb_data_df.values.astype('float')
#初始化聚类中心,选取最后几个
cluster_center_arr = numb_data_arr[-cluster_num:]
#允许最大迭代步数
iter_num = 20
#允许收敛误差
epsilon = 1e-12
while iter_num >= 0:
    cluster_ele_dict = {i:[] for i in range(cluster_num)}
    for num, value in enumerate(numb_data_arr):
        min_val_index = np.argmin(pow(value - cluster_center_arr, 2).sum(axis = 1))
        cluster_ele_dict[min_val_index].append(list(value))
```

```
        new_cluster_center, rss_value = update_cluster_center(cluster_center_arr,
                                                    cluster_ele_dict)
        if np.max(new_cluster_center - cluster_center_arr) <= epsilon:
            break
        else:
            cluster_center_arr = new_cluster_center
        iter_num -= 1
```

通过以上程序可以得到对应的簇中心，以及总体平均误差和。

```
#最终簇中心
print(cluster_center_arr)
array([[46.16521739, 59.36521739, 32.88695652],
       [28.95294118, 62.17647059, 73.62352941]])
#总体平均误差和
print(rss_value)
212840.16982097185
#每簇对应的样本点
#cluster_ele_dict                    #有点大，这里不再显示
```

下面通过 sklearn 模块来实现其算法，代码如下。

```
from sklearn.cluster import KMeans
clf = KMeans(max_iter = 20, n_clusters = 2, init = 'k-means++', tol = 1e-12)
clf.fit(numb_data_arr)
#簇中心
print(clf.cluster_centers_)
array([[28.95294118, 62.17647059, 73.62352941],
       [46.16521739, 59.36521739, 32.88695652]])
#整体平方误差和
print(clf.inertia_)
212840.16982097185
```

不难发现其结果是一致的。建议读者通过 NumPy 模块实现，以便深入认识 k-means 聚类算法的思想，并考虑其不足之处，这里不再额外阐述。

4.11 推荐算法

视频讲解

4.11.1 算法思想

生活中经常会听到一句俗语："物以类聚，人以群分"，这就是推荐算法的思想。

截至目前，推荐算法已有很多种，其中以协同过滤算法为主。协同过滤可以分为基于记忆（memory-based）和基于模式（model-based）两大类，而基于记忆的协同过滤分为基于人口统计学（demographic-based）和基于近邻（neighborhood-based）；基于近邻又分为

基于用户(user-based)和基于内容(item-based)。

本节只介绍 memory-based 方法类别的两种方法：user-based 方法和 item-based 方法。协同过滤(collaborative filtering,CF)算法是依据用户与用户之间的相似度,或物品与物品之间的相似度来进行推荐的算法。

4.11.2 基于用户的协同过滤

基于用户协同过滤算法的基本假设：用户可能会喜欢与他(她)具有相似爱好的用户所喜欢的物品。作为最早的协同过滤方法,其应用适合新闻、博客和社交网站等物品种类繁多且频繁更新的场景中。基于用户的协调过滤充分利用用户之间的相似度(比如：皮尔逊相关系数、余弦相似度或 Jaccard 公式等)。定义数据集 $\boldsymbol{D}$ 如下。

$$\boldsymbol{D}=\begin{array}{c} \\ \text{User}_1 \\ \text{User}_2 \\ \vdots \\ \text{User}_m \end{array}\begin{array}{c} \begin{array}{cccc}\text{Item}_1 & \text{Item}_2 & \cdots & \text{Item}_n\end{array} \\ \begin{bmatrix} u_{11} & u_{12} & \cdots & u_{1n} \\ u_{21} & u_{22} & \cdots & u_{2n} \\ \vdots & \vdots & \ddots & \vdots \\ u_{m1} & u_{m2} & \cdots & u_{mn} \end{bmatrix}\end{array} \tag{4.65}$$

数据集 $\boldsymbol{D}$ 是一个 m 行 n 列的用户-内容数据集,其中 u_{ij} 表示用户 i 对内容 j 的行为标注(评分、浏览或其他),这里 u_{ij} 是数值数据($i=1,2,\cdots,m,j=1,2,\cdots,n$)。

鉴于篇幅所限,尽量通过简单的方法让读者理解其算法,下面给出其计算步骤。

4.11.3 步骤

下面给出推荐算法的计算步骤,如下所示：

- 构建用户和内容的数值矩阵 $\boldsymbol{D}$,如式(4.65)所示；
- 通过相似度(多种方法,这里通过皮尔逊相关系数来计算)公式计算用户 i 与其他用户的相似度；
- 人为设定一个阈值 k,选取前 k 个相似度最大的用户(有时通过相关系数的阈值来确定),视为与用户 i 存在相同的“喜好”关系；
- 剔除用户 i 已浏览过的内容,计算选定相似用户浏览的内容的加权和(以相似度作为权重)；
- 对其进行降序,以列表的形式推荐给用户 i 感兴趣的内容。

下面通过实例来阐述实现过程,首先先给定数据集(见表 4.22),该数据集是笔者通过随机数模拟生产的。读者在进行实验的过程中会经常遇到伪随机问题,为了便于读者观察,分别通过 pandas 和 NumPy 模块来实现。

表 4.22 部分用户内容数据集的矩阵形式

	Item_0	Item_1	Item_2	Item_3	Item_4	Item_5	Item_6	Item_7	Item_8	Item_9
User_0	0	1	0	0	1	0	0	0	0	1
User_1	0	0	1	1	1	1	1	0	1	0
User_2	1	0	1	0	1	0	0	0	1	1

续表

	Item_0	Item_1	Item_2	Item_3	Item_4	Item_5	Item_6	Item_7	Item_8	Item_9
User_3	1	0	0	0	1	1	1	0	1	0
User_4	1	1	1	0	0	0	0	0	0	1
User_5	0	1	0	1	0	1	1	1	1	0
User_6	0	0	0	0	0	0	0	1	0	1
User_7	1	1	0	0	1	1	0	1	0	1

代码如下所示。

```
import pandas as pd
import numpy as np
#构建数据模拟数据用户和内容
m, n = 8, 10
user_list = ['User_' + str(i) for i in range(m)]
item_list = ['Item_' + str(i) for i in range(n)]
#随机数
score_arr = np.random.randint(0, 2, size=(m, n))
#表,用户内容数据集,数据集
data_df = pd.DataFrame(data=score_arr, columns=item_list, index=user_list)
```

在表4.22中构建了一个8×10的用户-内容矩阵,由于通过随机数生成,读者通过以上代码生成的数据结果会与表4.22有所不同。表4.22中0表示用户没有看过内容,1表示用户看过内容。这里只考虑计算步骤的实现过程,对性能问题不进行考虑,先计算用户之间的相似度,其代码如下所示。

```
#用户相似度,皮尔逊相关系数
user_corr_df = data_df.T.corr(method='pearson')
```

通过对数据集先转置再通过命令corr来计算用户之间的相关系数矩阵(实对称矩阵),在针对大数据集时不建议通过这种方式计算,读者可以尝试一个 $m=900000000$, $n=100000000$ 的数据的相关性矩阵(计算机配置不太好的慎行)。其结果如表4.23所示。

现在需要对用户 $i=1$ 进行推荐内容,选定阈值 $k=3$,其代码如下所示。

```
user_id = 'User_1'
top_n = 3
sim_user_series = user_corr_df.sort_values(by=user_id, ascending=False)[user_id]
sim_user_dict = sim_user_series.iloc[1:top_n + 1].to_dict()
```

通过降序的方式提取前3个与用户 i 相似的用户名称和相似度,其代码如下所示。

```
print(sim_user_dict)
{'User_3': 0.40824829046386296, 'User_5': 0.16666666666666669, 'User_2': 0.0}
```

表 4.23　用户相关性矩阵

	User_0	User_1	User_2	User_3	User_4	User_5	User_6	User_7
User_0	1.000000	−0.356348	0.218218	−2.182179e−01	0.356348	−3.563483e−01	0.218218	5.345225e−01
User_1	−0.356348	1.000000	0.000000	4.082483e−01	−0.583333	1.666667e−01	−0.612372	−6.666667e−01
User_2	0.218218	0.000000	1.000000	2.000000e−01	0.408248	−8.164966e−01	0.000000	0.000000e+00
User_3	−0.218218	0.408248	0.200000	1.000000e+00	−0.408248	2.266233e−17	−0.500000	−2.266233e−17
User_4	0.356348	−0.583333	0.408248	−4.082483e−01	1.000000	−5.833333e−01	0.102062	2.500000e−01
User_5	−0.356348	0.166667	−0.816497	2.266233e−17	−0.583333	1.000000e+00	−0.102062	−2.500000e−01
User_6	0.218218	−0.612372	0.000000	−5.000000e−01	0.102062	−1.020621e−01	1.000000	4.082483e−01
User_7	0.534522	−0.666667	0.000000	−2.266233e−17	0.250000	−2.500000e−01	0.408248	1.000000e+00

根据以上结果不难发现与用户 $User_1$ 相似的为 $User_3$、$User_5$ 和 $User_2$，但是 $User_2$ 的相关系数为 0，因此不妨将其剔除，再将 $User_1$ 未看过的内容选出来，其代码如下所示。

```
sim_user_dict = {key: value for key, value in sim_user_dict.items() if value > 0}
#用户 1 未看内容
user_info = data_df.loc[user_id]
user_miss_item = user_info[user_info == 0].index
sim_user_corr_df = data_df.loc[sim_user_dict.keys()]
cf_item_df = sim_user_corr_df[user_miss_item].copy()
```

用户 $User_1$ 未看的内容且用户 $User_3$、$User_5$ 在其内容上的行为如表 4.24 所示。

表 4.24 待推荐内容数据集

	Item_0	Item_1	Item_7	Item_9
User_3	1	0	0	0
User_5	0	1	1	0

表 4.24 中，$User_3$ 对内容 0 有过行为，$User_5$ 对内容 1 和 7 有过行为，若不考虑推荐内容的先后顺序，即可将内容 0、1、7(或 9)推荐给用户 $User_1$，基于用户的协同过滤算法基本已完成。实际情况中，若内容数量非常庞大时，就需要考虑推荐内容的先后顺序，将用户最可能喜欢的内容放在最前面。通过相似用户浏览内容的加权和来进行排序，其代码如下所示。

```
#分子加权
for key, value in sim_user_dict.items():
    cf_item_df.loc[key] = cf_item_df.loc[key] * value
cf_result_ = cf_item_df.sum(axis = 0) / sum(sim_user_dict.values())
print(cf_result_)
```

输出结果如下所示：

```
Item_0      1.739388
Item_1      1.739388
Item_7      1.739388
Item_9      0.000000
dtype: float64
```

因此，推荐给用户 $User_1$ 的内容列表为：

```
['Item_0', 'Item_1', 'Item_7', 'Item_9']
```

通过 pandas 模块以简单的方式实现基于用户的协同过滤算法，建议读者通过 NumPy 来实现其过程，以便加深对理论的理解、对 Python 的学习。由于没有标签数据，因此这里不再对算法进行评估。

4.11.4 基于内容的协同过滤

基于内容的协同过滤算法的基本假设：用户可能会喜欢与他(她)之前曾经喜欢的物品相似的物品。其算法从 Amazon 的论文和专利发表(2001 年)之后开始流行[①]。该算法比较简单，也是一种可以部署到线上的算法。这里的计算维度是内容(而非用户)，在推荐时根据用户对所有内容的行为推荐其相似内容。这里不再对其进行详细的阐述，只简单地给出代码。

```
cont_data_df = data_df.copy()
cont_corr_df = cont_data_df.corr(method = 'pearson')
user_id = 'User_1'
user_act_ = cont_data_df.loc[user_id]
cont_corr_df.loc[user_act_[user_act_ != 0].index][user_act_[user_act_ == 0].
                                                  index].sum(axis = 0)
```

4.11.5 总结

推荐算法是推荐系统的核心部分，在实际应用中需要对其他很多因素进行综合考虑，比如对新用户、新内容的策略制定，对推荐内容的进一步筛选等，都需要构建一个完善合理的推荐系统。推荐系统要根据业务本身的性质来构建。

视频讲解

4.12 SVD

奇异值分解(singular value decomposition，SVD)是线性代数中一个重要的矩阵分解。SVD 不同于特征分解，它不需要矩阵 $\boldsymbol{D}$ 是一个方阵。

定义 4.15 SVD

给定一个实矩阵 $\boldsymbol{D}_{m\times n}$，则矩阵 $\boldsymbol{D}$ 的 SVD 为

$$\boldsymbol{D}=\boldsymbol{U\Sigma V}^{\mathrm{T}} \tag{4.66}$$

其中，$\boldsymbol{U}$ 是一个 $m\times m$ 的矩阵，$\boldsymbol{\Sigma}$ 是一个 $m\times n$ 的对角矩阵，$\boldsymbol{V}$ 是一个 $n\times n$ 的矩阵。

式(4.66)中，矩阵 $\boldsymbol{U}$、$\boldsymbol{V}$ 都是正交阵，即满足 $\boldsymbol{U}^{\mathrm{T}}\boldsymbol{U}=\boldsymbol{I}$，$\boldsymbol{V}^{\mathrm{T}}\boldsymbol{V}=\boldsymbol{I}$。

现在的问题是如何求解矩阵 $\boldsymbol{U}$ 和 $\boldsymbol{V}$ 以及对角矩阵 $\boldsymbol{\Sigma}$。显然特征分解必须要求矩阵是一个方阵，因此可以利用 $\boldsymbol{D}^{\mathrm{T}}\boldsymbol{D}$(或 $\boldsymbol{DD}^{\mathrm{T}}$)构建成一个方阵，那么

$$(\boldsymbol{D}^{\mathrm{T}}\boldsymbol{D})\boldsymbol{x}=\boldsymbol{\sigma x} \tag{4.67}$$

由于 $\boldsymbol{D}^{\mathrm{T}}\boldsymbol{D}$ 是一个 $n\times n$ 的方阵(实对称矩阵)，这样就可以计算矩阵 $\boldsymbol{D}^{\mathrm{T}}\boldsymbol{D}$ 的特征值

---

① http://yongfeng.me/attach/rs-survey-zhang.pdf。

和特征向量。现在将 $\boldsymbol{D}^{\mathrm{T}}\boldsymbol{D}$ 的特征向量张成矩阵 $\boldsymbol{V}_{n\times n}$。相似地，将 $\boldsymbol{D}\boldsymbol{D}^{\mathrm{T}}$ 的特征向量张成矩阵 $\boldsymbol{U}_{m\times m}$。现在仅剩 $\boldsymbol{\Sigma}$ 未求解，根据式(4.66)不难求解。根据式(4.66)和矩阵 $\boldsymbol{U}$ 和 $\boldsymbol{V}$ 的性质，有：

$$\boldsymbol{D}\boldsymbol{V}=\boldsymbol{U}\boldsymbol{\Sigma} \tag{4.68}$$

$\boldsymbol{\Sigma}=\mathrm{diag}(\lambda_1,\lambda_2,\cdots,\lambda_i,\lambda_n)$ 中值 $\lambda_i=\boldsymbol{D}\boldsymbol{v}_i/\boldsymbol{u}_i$，其中，$\boldsymbol{v}_i$、$\boldsymbol{u}_i$ 分别为矩阵 $\boldsymbol{V}$、$\boldsymbol{U}$ 的向量，通常可以直接计算 $\boldsymbol{D}^{\mathrm{T}}\boldsymbol{D}$ 的特征值再取平方根。

其证明过程这里不再阐述，读者可以查阅相关资料进行验证。

SVD 的应用比较广泛，比如图像压缩(非常广泛)、图像去噪(并非所有的噪声)、推荐算法以及模式识别等。Python 语言的模块 NumPy 有现成的命令来求解 SVD，其代码如下所示。

```
import numpy as np
U, Sigma, V = np.linalg.svd(D)
```

4.12.1 步骤

这里扼要介绍 SVD 算法的一般步骤，已知数据集 $\boldsymbol{D}_{m\times n}$，其算法步骤如下所示。

- 计算矩阵 $\boldsymbol{D}^{\mathrm{T}}\boldsymbol{D}$ 和 $\boldsymbol{D}\boldsymbol{D}^{\mathrm{T}}$；
- 计算矩阵 $\boldsymbol{D}^{\mathrm{T}}\boldsymbol{D}$ 和 $\boldsymbol{D}\boldsymbol{D}^{\mathrm{T}}$ 的特征值和对应的特征向量；
- 将 $\boldsymbol{D}\boldsymbol{D}^{\mathrm{T}}$ 的特征向量组成 $\boldsymbol{U}$，$\boldsymbol{D}^{\mathrm{T}}\boldsymbol{D}$ 的特征向量组成 $\boldsymbol{V}$；
- 将 $\boldsymbol{D}^{\mathrm{T}}\boldsymbol{D}$ 的特征值取平方根(开方)，构建成 $\boldsymbol{\Sigma}$。

4.12.2 实例

现实生活中，SVD 的应用场景非常广泛。不妨通过 SVD 做一个简单的图像压缩实例。首先给出一个经典的图像，如图 4.20 所示(图像来源于 MATLAB)。

图 4.20 原始照片

现在先通过 Python 读取图片,其代码如下所示。

```
import pandas as pd
import numpy as np
from PIL import Image, ImageShow
import matplotlib.pyplot as plt
%matplotlib inline
path = '../dataSets/orignal.pic'
girl = Image.open(path)
```

通过 NumPy 模块先将图片转换成数组,并查看图像维度,其代码如下所示。

```
girl_arr = np.array(girl)
#图片类型,R、G、B 3 个渠道
girl_arr.shape              #(256, 256, 3)
#数值类型 uint8
girl_arr.dtype              #dtype('uint8')
```

对图片进行分渠道并查看原始图片和 3 个渠道(R、G、B)的图片,如图 4.21 所示。

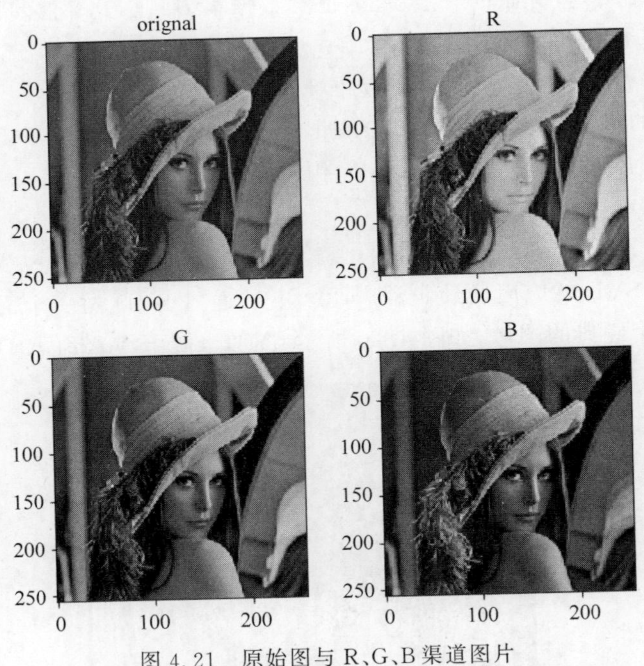

图 4.21 原始图与 R、G、B 渠道图片

其代码如下所示。

```
fig, axes = plt.subplots(2,2,figsize=(7,7))
axes[0][0].imshow(girl_arr)
```

```
axes[0][0].set_title('orignal')
axes[0][1].imshow(girl_arr[:, :, 0], plt.cm.gray)        #plt.cm.gray 灰度显示
axes[0][1].set_title("R")
axes[1][0].imshow(girl_arr[:, :, 1])
axes[1][0].set_title("G")
axes[1][1].imshow(girl_arr[:, :, 2])
axes[1][1].set_title("B")
```

为了方便处理将 RGB 图片转换为灰度图片，可以通过 convert 命令完成，其代码如下所示。

```
#rgb2gray dtype = uint8
girl_gray = girl.convert('L')
#array
girl_gray_arr = np.array(girl_gray).astype(float)
```

下面通过 NumPy 模块来求解 SVD，其代码如下所示。

```
#分别为 U, Sigma, V^{T} (V 的转置)
u_arr, sigma_arr, v_arr = np.linalg.svd(girl_gray_arr)
u_arr.shape              #(256, 256)
sigma_arr.shape          #(256,)
v_arr.shape              #(256, 256)
```

NumPy 模块适合较大的数组计算，且底层基于 C++语言开发，因此其性能是非常高的，通过以上代码很容易计算出 256×256 的 SVD，其结果有两个地方值得注意：①$\boldsymbol{\Sigma}$ 返回的是一个由大到小的数组，可以通过 np. diag 将其转换成对角矩阵（与 MATLAB 一样）；②命令求解的 $\boldsymbol{V}$ 是转置后的结果，因此无须再进行转置。下面取前 $n=[5,10,25,50,100,200]$特征值来还原图片，其结果如图 4.22 所示。

通过图 4.22 不难发现，当 $n=5$ 时效果最差，肉眼几乎看不到人物轮廓；当 $n=10$ 时即可得到人物的大体轮廓；当 $n=25$ 时，人物轮廓就非常清晰了（尽管有些噪点）；当 $n=100$ 时，其清晰度较为显著，图像像素为 256×256=65 536（灰度处理后）；当 $n=50$ 时，像素总数为 256×50+50+50×256=25 650，相比原图像减少 39886 个像素，降幅 60.86%左右，压缩效果是非常显著的，这对于图片存储及后续的进一步计算提供了极大的便利。

其代码如下所示。

```
fig, axes = plt.subplots(2, 3, figsize = (10, 6))
for ix, n in enumerate([5, 10, 25, 50, 100, 200]):
    svd_pic = np.dot(u_arr[:, :n], np.dot(np.diag(sigma_arr[:n]),
                                   v_arr[:n, :])).astype('uint8')
    axes[ix // 3][ix % 3].imshow(svd_pic, plt.cm.gray)
    axes[ix // 3][ix % 3].set_title("top_n: {}".format(n))
```

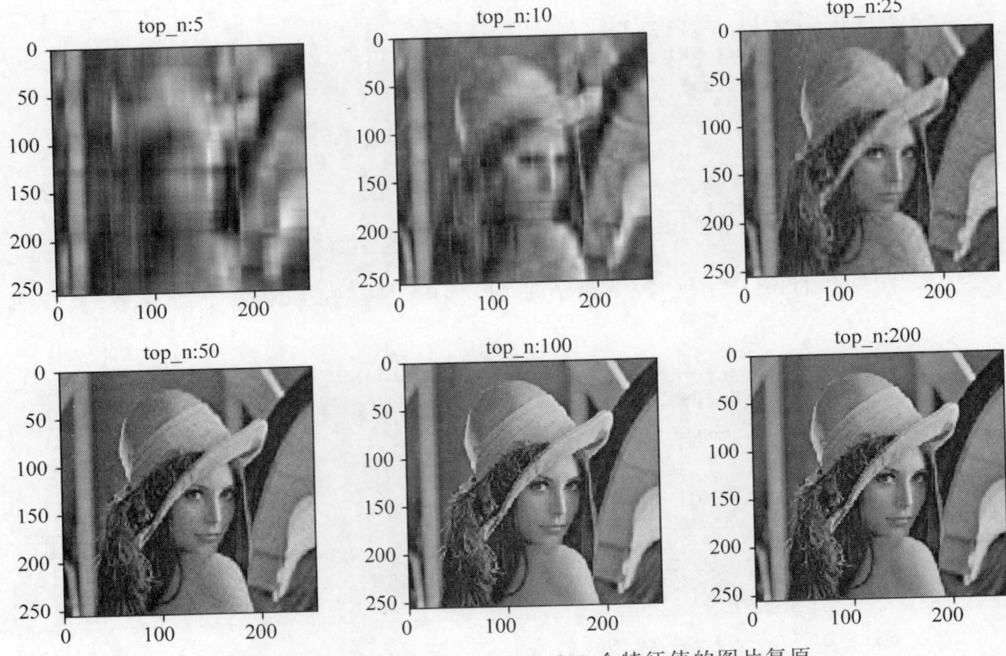

图 4.22 取前 5、10、25、50、100、200 个特征值的图片复原

4.13 本章小结

算法即计算的方法,也暗含解决一个指定问题的方法不唯一,评估一个方法好坏的指标也不唯一,因此需要结合实际问题具体分析,这就需要具备一定的算法基础和实验经验,才能胜任对应的需求。本章阐述了十几种经典算法并结合实例和 Python 语言去实现计算过程,从而让读者对算法有一定的认识和了解,其实每种算法都有很多变型或改进的方法模型,这里就不再一一阐述,感兴趣的读者可以去查阅相关的资料。

第5章

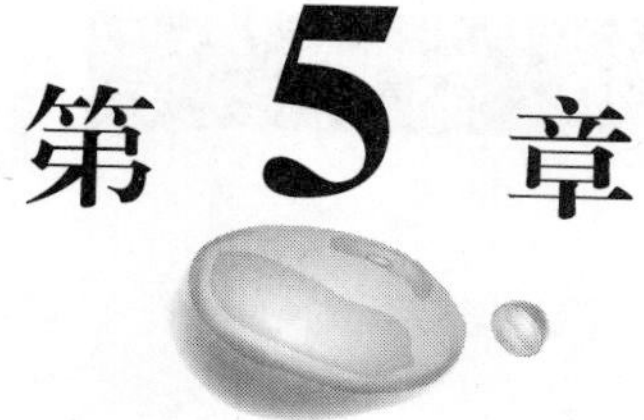

深度学习

本章将简要介绍深度学习的一些基本内容和算法，现阶段关于深度学习的书籍或其他资料非常多，因此这里只简要阐述一些常见的神经网络算法。本章的算法和模型实现主要通过 PyTorch 模块实现。

5.1 PyTorch

视频讲解

PyTorch 模块是由 Facebook 在深度学习框架 Torch 的基础上，使用 Python 重写的一个全新的深度学习框架，不仅继承了 NumPy 模块的众多优点，同时还支持 GPU 加速计算，因此其计算效率明显好于 NumPy，而且相比于 TensorFlow，它的灵活性备受使用者喜欢。PyTorch 含有非常丰富的 API，可以轻松地完成深度神经网络模型的构建和实现，因此本章节的深度学习内容以 PyTorch 来实现。

5.1.1 PyTorch 安装

PyTorch 也是 Python 的一个模块，但其安装方式与之前介绍的内容稍有不同。需要登录官方网站(https://pytorch.org/)下载，它分为不同的系统版本，有 PyTorch 版本、Python 版本、显卡等安装形式。另外，需要根据自己的操作系统和软硬件配置进行搭配，如图 5.1 所示。

本书选用了稳定版本(1.0)的 PyTorch、Mac OS 系统，通过 pip 安装，Python 是 3.6 版本的，由于 MacBook Air 不支持 CUDA，因此无法进行 GPU 加速。图 5.1 给出的安装命令如下所示。

```
pip3 install torch torchvision
```

PyTorch Get Started Features Ecosystem Blog Tutorials Docs Resources GitHub

QUICK START LOCALLY

Select your preferences and run the install command. Stable represents the most currently tested and supported version of PyTorch 1.1. This should be suitable for many users. Preview is available if you want the latest, not fully tested and supported, 1.1 builds that are generated nightly. Please ensure that you have met the prerequisites below (e.g., numpy), depending on your package manager. Anaconda is our recommended package manager since it installs all dependencies. You can also install previous versions of PyTorch. Note that LibTorch is only available for C++.

PyTorch Build	Stable (1.1)	Preview (Nightly)			
Your OS	Linux	Mac	Windows		
Package	Conda	Pip	LibTorch	Source	
Language	Python 2.7	Python 3.5	Python 3.6	Python 3.7	C++
CUDA	9.0	10.0	None		
Run this Command:	pip3 install torch torchvision # MacOS Binaries dont support CUDA, install from source if CUDA is needed				

Previous versions of PyTorch

QUICK START WITH CLOUD PARTNERS

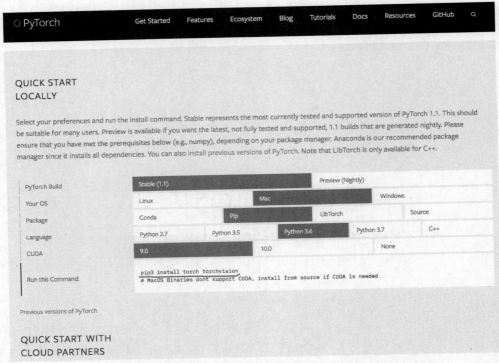

图 5.1　PyTorch 安装界面(实例图)

安装成功后,进入 Notebook 环境,并执行以下代码来验证是否成功,如图 5.2 所示。

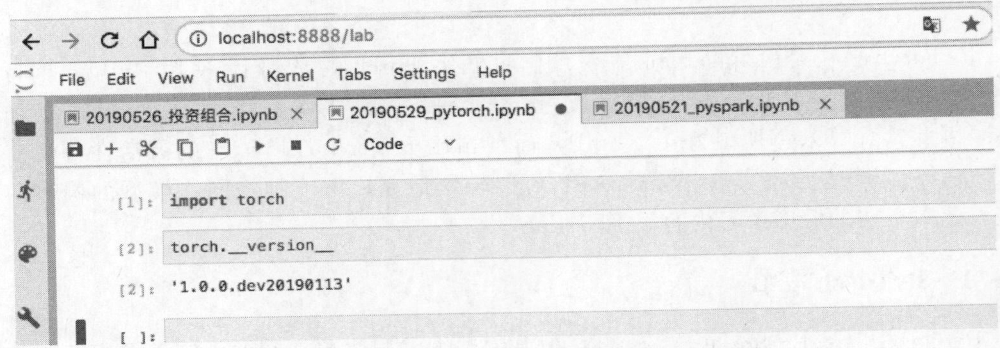

图 5.2　验证 PyTorch 是否成功安装

若安装失败,很可能是选择的安装版本与软硬件不相符造成的。安装成功后可通过以下命令验证是否支持 GPU 加速。

```
torch.cuda.is_available()          # 输出 ↓
False                              # 表示不支持
```

若支持 GPU 加速,在编程期间仅需添加以下命令,即可实现快速计算。

```
if torch.cuda.is_available():
    x = x.cuda()                        # GPU 加速
    y = y.cuda()
```

5.1.2　创建 tensor

PyTorch 与 NumPy 在操作上非常相似，若读者熟悉 NumPy 模块的相关操作，那么在短时间内就能掌握并熟练应用 PyTorch。在这里简要阐述 tensor（张量）的一些基本操作，其代码如下。

```
# 构建 3×2 随机浮点数类型张量
a = torch.FloatTensor(3, 2)
a                                       # tensor 格式  输出↓
tensor([[ 1.4013e-45, 1.4013e-45],
        [ 3.9883e-22, 1.4013e-45],
        [-1.1426e-14, 4.5911e-41]])
a.numpy()                               # 转成数组  输出↓（非常简单）
array([[ 1.4012985e-45, 1.4012985e-45],
       [ 3.9882707e-22, 1.4012985e-45],
       [-1.1426393e-14, 4.5910742e-41]], dtype=float32)
# 列表转 tensor
b = torch.FloatTensor([1, 0.618])
b                                       # 输出↓
tensor([1.0000, 0.6180])
# 构建 3×2 随机整数型
torch.IntTensor(3, 2)                   # 输出↓
tensor([[         0, 1342177280],
        [         0, 1342177280],
        [         5,          0]], dtype=torch.int32)
# 列表转 tensor，列表元素为浮点型
torch.IntTensor([1.2, 3.2])             # 输出↓
tensor([1, 3], dtype=torch.int32)
# 构建 2×3 元素全为 0 的 tensor
torch.zeros(2, 3)                       # 输出↓
tensor([[0., 0., 0.],
        [0., 0., 0.]])
# 构建 3×3 单位矩阵（格式：tensor）
torch.eye(3, 3)                         # numpy.eye(3, 3)  输出↓
tensor([[1., 0., 0.],
        [0., 1., 0.],
        [0., 0., 1.]])
# 构建 3×3 元素全为 1 的矩阵
torch.ones(3, 3)                        # 输出↓
tensor([[1., 1., 1.],
        [1., 1., 1.],
        [1., 1., 1.]])
```

```
#NumPy 转 tensor 转换非常简单直接
torch.from_numpy(np.array([[1, 2, 3], [3, 4, 5]]))                #输出↓
tensor([[1, 2, 3],
        [3, 4, 5]])
```

5.1.3 基本运算

这里对 PyTorch 中的 tensor 基本运算进行简要阐述。

```
a = torch.randn(2, 3)                         #随机数
a                                             #输出↓
tensor([[ 0.3786, 0.8703, 0.5232],
        [ 0.2417, -0.7136, -1.2713]])
#绝对值|x_{i}| 运算
torch.abs(a)                                  #输出↓
tensor([[0.3786, 0.8703, 0.5232],
        [0.2417, 0.7136, 1.2713]])
#加法 1,维度要对应一致
a.add(b)                                      #输出↓
tensor([[0.7572, 1.7407, 1.0464],
        [0.4834, 0.0000, 0.0000]])
#加法 2
torch.add(a, b)                               #输出↓
tensor([[0.7572, 1.7407, 1.0464],
        [0.4834, 0.0000, 0.0000]])
#加法 3,b ← a + b
                                              #方法含有下画线的.method_ 会更新原有数组  输出↓
b.add_(a)
tensor([[0.7572, 1.7407, 1.0464],
        [0.4834, 0.0000, 0.0000]])
b                                             #输出↓(很强大,方便)
tensor([[0.7572, 1.7407, 1.0464],
        [0.4834, 0.0000, 0.0000]])
#减法
b.sub_(a)                                     #复原 b  输出↓
b                                             #输出↓
tensor([[0.3786, 0.8703, 0.5232],
        [0.2417, 0.7136, 1.2713]])
a - b                                         #减法,同 a.sub(b)
#乘法
a * b                                         #输出↓
tensor([[ 0.1433, 0.7575, 0.2738],
        [ 0.0584, -0.5092, -1.6162]])
a.mul(b)                                      #乘法,结果同上
#除法
a.div(b)                                      #输出↓
```

```
tensor([[ 1., 1., 1.],
        [ 1., -1., -1.]])
a / b                            #除法,结果同上
#余数
a % b                            #输出↓
tensor([[0., 0., 0.],
        [0., 0., 0.]])
a.pow(3)                         #所有元素的 3 次方  输出↓
tensor([[ 0.0543, 0.6593, 0.1432],
        [ 0.0141, -0.3634, -2.0546]])
```

从上面的代码不难发现,PyTorch 关于基本运算是非常方便的,但不局限于此,比如定义一个简单的分段函数。

$$f(x)=\begin{cases}a, & x \leqslant a \\ x, & a<x<b \\ b, & x \geqslant b\end{cases} \tag{5.1}$$

其中,a 和 b 是待定常数。下面通过 PyTorch 来实现这个函数。

```
a                              #tensor  输出↓
tensor([[ 0.3786, 0.8703, 0.5232],
        [ 0.2417, -0.7136, -1.2713]])
torch.clamp(a, 0, 0.5)         #取值 a = 0, b = 0.5  输出↓
tensor([[0.3786, 0.5000, 0.5000],
        [0.2417, 0.0000, 0.0000]])
#只操作最大值
torch.clamp_max(a, 0.5)        #输出↓
tensor([[ 0.3786, 0.5000, 0.5000],
        [ 0.2417, -0.7136, -1.2713]])
#只操作最小值
torch.clamp_min(a, 0)          #输出↓
tensor([[0.3786, 0.8703, 0.5232],
        [0.2417, 0.0000, 0.0000]])
torch.clamp??                  #查看命令的用法  输出↓ (notebook or ipython)
Docstring:
clamp(input, min, max, out = None) -> Tensor

Clamp all elements in :attr:'input' into the range '[' :attr:'min', :attr:'max' ']' and return
a resulting tensor:
...
```

除了以上基本运算,还有很多其他的运算,这里不再一一阐述,下面阐述矩阵运算。

5.1.4 矩阵运算

```
A = torch.Tensor([[1, 2, 3]])                              #构建 1x3 矩阵
B = torch.Tensor([[1, 2, 3], [7, 8, 9]])                   #构建 2x3 矩阵
A.shape                                                    #1 行 3 列  输出↓
torch.Size([1, 3])
B.shape                                                    #2 行 3 列  输出↓
torch.Size([2, 3])
#矩阵乘法 AB^{T} A: 1×3 B^{T}: 3×2
A.mm(B.reshape(3, 2)) #(同 torch.matmul(A, B.reshape(3, 2)))  输出↓
tensor([[31., 43.]])
#矩阵与向量的乘法 Ax : mv(顺序不要乱): matrixvector
torch.mv(B, A[0])                                          #输出↓
tensor([14., 50.])
#方阵求逆
c = torch.randn(3, 3)                                      #构建 3×3 矩阵
c                                                          #输出↓
tensor([[ 0.2634, 0.8859, -0.5662],
        [-0.5709, -0.8612, -0.3837],
        [-0.6534, -0.8777, 2.2320]])
c.inverse()                                                #矩阵 c 的逆  输出↓
tensor([[-2.8565, -1.8718, -1.0465],
        [ 1.9283,  0.2755,  0.5366],
        [-0.0779, -0.4396, 0.3527]])
#行列式
c.det()                                                    #输出↓
tensor(0.7908)
#验证逆矩阵乘法 AA^{-1} = I
torch.matmul(c.inverse(), c)                               #输出↓
tensor([[ 1.0000e+00, -1.1921e-07, 4.7684e-07],
        [ 0.0000e+00, 1.0000e+00, 0.0000e+00],
        [-3.1692e-10, -1.5118e-08, 1.0000e+00]])
#构建一个 2x4x4 张量
d = torch.randn(2, 4, 4)
d                                                          #输出↓
tensor([[[-0.0879, -0.6460, -0.1376, -1.2186],
         [-0.9019, 1.1118, -0.0460, 2.1199],
         [-1.2170, 0.0621, -1.1434, -1.1737],
         [-1.3173, 0.6776, 0.2788, 0.4723]],

        [[ 0.2511, -0.1904, -0.5661, -0.4801],
         [-1.0341, -1.4300, 0.2876, 0.6154],
         [-0.6928, 1.4691, -0.7081, -0.2806],
         [-0.7519, -1.2448, 1.1138, -0.0593]]])
d.shape                                                    #输出↓
torch.Size([2, 4, 4])
```

```
d[0]                                    #切片输出↓
tensor([[ - 0.0879, - 0.6460, - 0.1376, - 1.2186],
        [ - 0.9019, 1.1118, - 0.0460, 2.1199],
        [ - 1.2170, 0.0621, - 1.1434, - 1.1737],
        [ - 1.3173, 0.6776, 0.2788, 0.4723]])
```

关于 PyTorch 更多的内容，读者可以通过相关书籍或官方文档进行深入学习，这里不再大篇幅的详细介绍。

5.2 基础知识

在介绍神经网络之前，需要先对相关的思想方法和数学知识进行了解，因此需要补充一些相关的数学知识，以便能更好地理解后面的内容。

5.2.1 蒙特卡洛法

蒙特卡洛法也称统计模拟方法，曾被评为 20 世纪最美的算法之一。本书在前面介绍过关于蒙特卡洛法的实例(求 π 的近似值)，其思想就是通过模拟参数(采样)来求解一个复杂问题的(相对)最优解。通常模拟(采样)数量越多越接近最优解，在关于线性回归的章节中通过理论推导出参数的值(精确值)，但是一个含有很多变量的函数就很难处理，蒙特卡洛法可以在一定程度上解决这个问题。举个简单的例子，给定一个一元二次函数 $f(x)=x^2$，并添加随机噪声，其结果如图 5.3 所示。

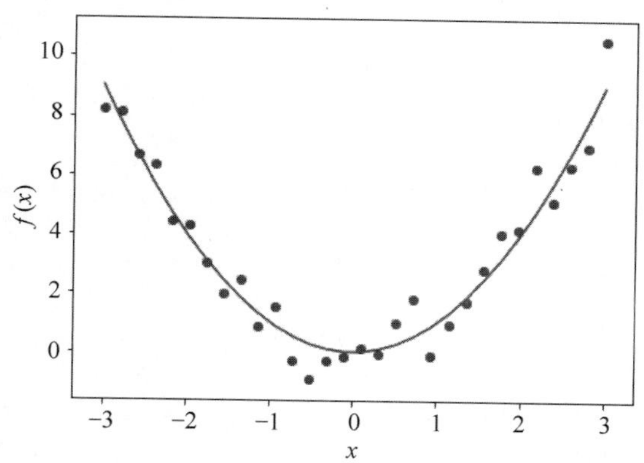

图 5.3 $f(x)$函数和添加随机噪声后的散点图

图 5.3 中的散点序列$\{(x_i, y_i)\}$具有非常直观的现象。现在若想构造一个函数来描述这些散点，进而逼近原函数。众所周知：任何形式的曲线都可以通过多项式去逼近，问题在于如何构造一个合适的函数。对于一个变元问题，构建函数次数的高低会影响模型的性能：

- 构建函数的次数低，易造成模型的欠拟合问题；
- 构建函数的次数高，易造成模型的过拟合问题。

针对散点序列$\{(x_i, y_i)\}(i=1,2,\cdots,m)$，理论上希望散点尽可能地都落在已构造的函数上，如式(5.2)所示。

$$y_i = a_0 + a_1 x_i + a_2 x_i^2 + \cdots + a_n x_i^n + \varepsilon_i \tag{5.2}$$

其中，$a_j (j=0,1,2,\cdots,n)$是待定系数，ε_i 是扰动项。通过观察散点图，不妨构造如下函数(一元二次函数)。

$$\hat{f}(x_i) = a x_i^2 + b x_i + c \tag{5.3}$$

其中，$\hat{f}$ 是拟合函数，a,b,c 是待定系数(需要求解的)。通过图形和函数性质分析，不难推测出系数 $a>0$，b 和 c 均比较小，这样做的目的是可以在生成随机数组时进行剔除不满足条件的数，下面的实例中暂不考虑这种情况。

根据式(5.3)，其损失函数如下所示。

$$J(a,b,c) = \frac{1}{m}\sum_{i=1}^{m}(\hat{f}(x_i) - y_i)^2 \tag{5.4}$$

要满足 $J(a,b,c)$(代价函数，又称损失函数)最小，即 $J(a^*,b^*,c^*) = \min J(a,b,c)$，其中$(a^*,b^*,c^*)$是待求的“最佳系数组”。式(5.4)可通过理论进行推导，现在并不打算这样做，先仅通过蒙特卡洛法来生成 q 个(视情况而定)随机数组 $(a_r,b_r,c_r)(r=1,2,\cdots,q)$，以遍历的形式(或并行计算)代入式(5.4)求解 J 的值，在 q 个结果中筛选出最小值 J 对应的数组(a_r,b_r,c_r)，即求解的待定系数组(a^*,b^*,c^*)。

通过以上理论分析，构造的式(5.3)针对散点序列 $\{(x_i,y_i)\}$结合蒙特卡洛法进行求解的代码如下所示。

```
import numpy as np
import torch
from torch.autograd import Variable
import matplotlib.pyplot as plt
%matplotlib inline
x = np.linspace(-3, 3, 30)                          # x 轴数据
f = x ** 2                                          # 原函数
f_noise = f + np.random.randn(x.__len__())          # 添加噪声后的数据
# 定义拟合函数
def f_prob(x, a, b, c):
    return a * x ** 2 + b * x + c
x_tensor = torch.from_numpy(x)                      # array2tensor
f_tensor = torch.from_numpy(f_noise)                # array2tensor
tmp_result_dict = {}                                # 创建存储计算结果字典
for _ in range(100000):                             # 这里模拟 100 000 次
    arg_value = torch.randn(3)                      # 生成随机数
    # 不含 1/m 的 J 函数
    J = (f_prob(x_tensor, *arg_value) - f_tensor).pow(2).sum().numpy()
    tmp_result_dict[str(arg_value.tolist())] = J
loss_min_label = min(tmp_result_dict, key=tmp_result_dict.get)
                                                    # 最小 J 值对应的待定系数组
tmp_result_dict[loss_min_label]                     # 输出↓
```

```
array(14.71679089)                    #差值平方和(14.71679089/30)相当小,在可接受范围内
#最佳系数组元素转换成数值类型 str2float
best_args_list = [round(float(i),4) for i in loss_min_label.strip('[]').split(',')]
print(best_args_list)                                 #输出↓
[1.015, 0.1198, 0.0314]
```

通过 100000 次模拟可得到一个相对最佳的解，即 $a=1.015$，$b=0.1198$，$c=0.0314$。代入构造拟合函数(式(5.3))可得 $f(x)=1.015x^2+0.1198x+0.0314$。将数据代入函数对其进行绘图，结果如图 5.4 所示。

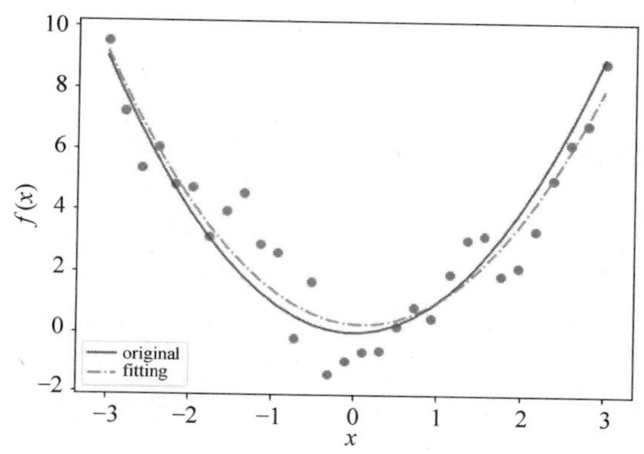

图 5.4　拟合函数与原函数对比图

实现图 5.4 的代码如下所示。

```
f_fitting = f_prob(x_tensor, *best_args_list)
fig = plt.figure(figsize=(7, 5))
plt.plot(x, f, 'r-', label='original')                    #函数图像
plt.scatter(x, f_noise)                                   #噪声点
plt.plot(x, f_fitting.numpy(), 'g-.', label='fitting')    #拟合函数
plt.legend()
plt.xlabel('$x$')
plt.ylabel('$f(x)$')
```

通过蒙特卡洛法求解出一个相对最佳的结果，但是通过 100 000 次模拟参数数组去计算的，尽管现在的计算机计算力比较强，但是相对于研究数学的人而言这并非首选方法，原因有以下几点：

- 尽管复杂度不大，但是计算量大；
- 求解的结果仅是一种近似解，且与模拟次数有很大的关系；
- 数学研究志在求解精确解，即使是一种近似，理论上也要确定误差范围。

读者可以尝试构造一元一次函数或一元高次(大于 2)函数进行实验，看效果如何。若通过蒙特卡洛法求解多元高次函数，且在待定系数取值范围不好确定的情况下，为求解最佳待定系数需要模拟的次数规模是一件可怕的事情，显然这不是最佳方法，但是在求解

极其复杂的问题时,蒙特卡洛法不失为一种有效的方法。

5.2.2 梯度下降法

在前面章节过介绍过牛顿法(求解方程的根),这里再介绍另一种算法:梯度下降法。仍然以蒙特卡洛法中的实例,针对式(5.4)定义的 $J(a,b,c)$,先计算关于 a,b,c 的导数。

$$\begin{cases}\dfrac{\partial J(a,b,c)}{\partial a}=\dfrac{2}{m}\sum\limits_{i=1}^{m}(ax_i^2+bx_i+c-y_i)x_i^2\\[2ex]\dfrac{\partial J(a,b,c)}{\partial b}=\dfrac{2}{m}\sum\limits_{i=1}^{m}(ax_i^2+bx_i+c-y_i)x_i\\[2ex]\dfrac{\partial J(a,b,c)}{\partial c}=\dfrac{2}{m}\sum\limits_{i=1}^{m}(ax_i^2+bx_i+c-y_i)\end{cases}\tag{5.5}$$

根据式(5.5)构造梯度 $\nabla J(a,b,c)=\left(\dfrac{\partial J(a,b,c)}{\partial a},\dfrac{\partial J(a,b,c)}{\partial b},\dfrac{\partial J(a,b,c)}{\partial c}\right)$。不妨令 $\theta=(a,b,c)$,则梯度下降法的迭代式为

$$\theta_n=\theta_{n-1}-\eta\,\nabla J(\theta_{n-1})\tag{5.6}$$

其中,η(称为学习率)是指定常数,通常的范围为(0,1),θ_0 是给定的初值,θ_n 是第 n 次迭代后的值($n=0,1,2,\cdots$)。

用梯度下降法极小化 $J(a,b,c)$ 代码如下所示。在这个例子中,$\eta=0.05$。

```
#梯度函数
def gradient(x, y, a, b, c):
    x_len = len(x)
    tmp_value = a * x.pow(2) + b * x + c - y          #tensor 计算
    ja = 2 / x_len * (tmp_value * x.pow(2)).sum().numpy()
    jb = 2 / x_len * (tmp_value * x).sum().numpy()
    jc = 2 / x_len * tmp_value.sum().numpy()
    return torch.Tensor([ja, jb, jc])
#给定一组初值系数
coeff_value = torch.Tensor([1, 1, 1])
loss_result_list = []                                  #存储损失函数值
for ix in range(20):
    coeff_value = coeff_value - 0.05 * gradient(x_tensor, f_tensor, *coeff_value)
    loss_value = (f_prob(x_tensor, *coeff_value) - f_tensor).pow(2).sum().numpy()
    loss_result_list.append(round(float(loss_value), 2))
    print("迭代步数:{0}, 系数数组: {1}, 损失函数值: {2:.2f}".format(ix + 1,
                coeff_value, loss_value))  #打印输出↓
迭代步数:1, 系数数组: tensor([0.7178, 0.7044, 0.9046]), 损失函数值: 76.06
迭代步数:2, 系数数组: tensor([0.9878, 0.5037, 0.9092]), 损失函数值: 52.66
迭代步数:3, 系数数组: tensor([0.7573, 0.3673, 0.8268]), 损失函数值: 40.66
迭代步数:4, 系数数组: tensor([0.9793, 0.2746, 0.8266]), 损失函数值: 34.08
迭代步数:5, 系数数组: tensor([0.7910, 0.2117, 0.7552]), 损失函数值: 30.16
迭代步数:6, 系数数组: tensor([0.9737, 0.1689, 0.7513]), 损失函数值: 27.57
迭代步数:7, 系数数组: tensor([0.8199, 0.1399, 0.6892]), 损失函数值: 25.71
迭代步数:8, 系数数组: tensor([0.9703, 0.1202, 0.6826]), 损失函数值: 24.27
```

```
迭代步数:9, 系数数组: tensor([0.8448, 0.1068, 0.6285]), 损失函数值: 23.10
迭代步数:10, 系数数组: tensor([0.9686, 0.0977, 0.6200]), 损失函数值: 22.12
迭代步数:11, 系数数组: tensor([0.8663, 0.0915, 0.5727]), 损失函数值: 21.28
迭代步数:12, 系数数组: tensor([0.9683, 0.0873, 0.5629]), 损失函数值: 20.55
迭代步数:13, 系数数组: tensor([0.8849, 0.0844, 0.5214]), 损失函数值: 19.92
迭代步数:14, 系数数组: tensor([0.9689, 0.0825, 0.5108]), 损失函数值: 19.36
迭代步数:15, 系数数组: tensor([0.9011, 0.0812, 0.4742]), 损失函数值: 18.86
迭代步数:16, 系数数组: tensor([0.9704, 0.0803, 0.4632]), 损失函数值: 18.43
迭代步数:17, 系数数组: tensor([0.9151, 0.0797, 0.4309]), 损失函数值: 18.04
迭代步数:18, 系数数组: tensor([0.9723, 0.0793, 0.4197]), 损失函数值: 17.69
迭代步数:19, 系数数组: tensor([0.9274, 0.0790, 0.3912]), 损失函数值: 17.39
迭代步数:20, 系数数组: tensor([0.9746, 0.0788, 0.3800]), 损失函数值: 17.11
#迭代后计算出的最佳系数
coeff_value                                    #输出↓
tensor([0.9746, 0.0788, 0.3800])
```

使用最后一次迭代(第 20 次,这里步长 $\eta=0.05$)计算的系数作为最佳的系数组代入函数,其结果如图 5.5 所示。

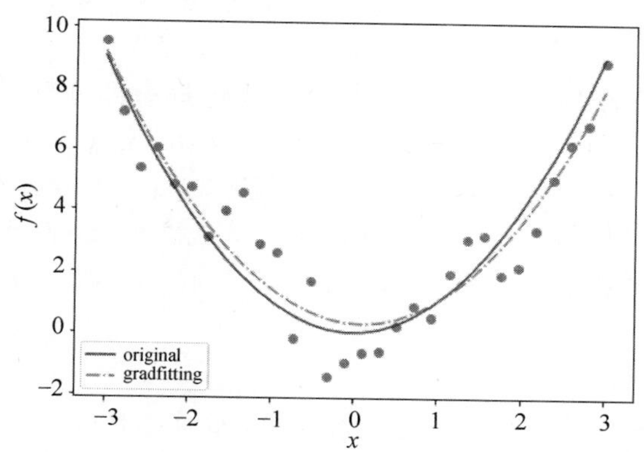

图 5.5　梯度下降法迭代 20 次的拟合函数(gradfitting)和原函数(original)图形

相应的损失函数值关于迭代步骤的曲线如图 5.6 所示。

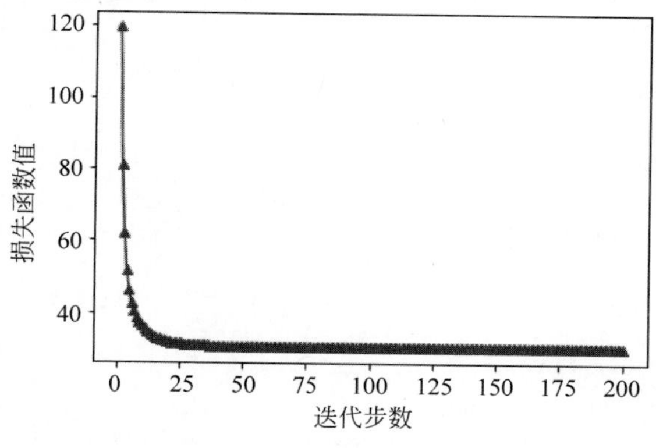

图 5.6　损失函数迭代图

图 5.5 和图 5.6 的代码实现如下所示。

```
#拟合函数图
fig = plt.figure(figsize = (7, 5))
plt.plot(x, f, 'r-', label = 'original')                          #函数图像
plt.scatter(x, f_noise)                                           #噪声点
plt.plot(x, f_prob(x_tensor, *coeff_value).numpy(), 'g-.', label = 'gradfitting')
                                                                  #拟合函数
plt.legend()
plt.xlabel('$x$')
plt.ylabel('$f(x)$')
#损失函数迭代图
plt.plot(list(range(1, len(loss_result_list) + 1)),loss_result_list, 'r-^')
plt.xlabel("迭代步数")
plt.ylabel("损失函数值")
```

这里简单讨论蒙特卡洛法和梯度下降法。通过以上实例不难看出,蒙特卡洛法更像是以“猜”或“试”的方法来找最值,但前提要确定待求系数的取值范围,这样才能保证“猜”的可靠性.梯度下降法是每次迭代时都找一个“最快”的方式来更新上一步的计算(给定)的待求系数,因此梯度下降法在计算成本上更有优势。

这里将所有的散点序列$\{(x_i,y_i)\}$在每次迭代过程中都进行考虑,若每次随机采样(重复采样)来进行梯度计算,称为随机梯度下降法(stochastic gradient descent,SGD)。随机梯度下降法可以有效抑制过拟合问题,关于随机梯度法的内容不再阐述,读者可以查阅相关资料了解随机梯度法的相关定义和内容。除此之外,还有批量梯度下降法(batch gradient descent,BGD)和小批量梯度下降法(mini-batch gradient descent,MBGD)。

5.2.3 封装实现

前面通过自编代码来实现模型的构建和计算,那通过 PyTorch 模块如何实现呢? 这里给出其对应的代码。

```
x = x_tensor.float()                                #自变量
y = torch.from_numpy(f_noise).float()               #因变量
#定义拟合函数
def f_prob(x, w):
    return w[0] * x ** 2 + w[1] * x + w[2]
#初始化参数
w = torch.ones(3, requires_grad = True)
#损失函数
criterion = torch.nn.MSELoss()
#优化函数
optimizer = torch.optim.SGD([w, ], lr = 0.05)       #随机梯度下降法学习率 0.05
#遍历
for iter_n in range(20):
    loss = criterion(f_prob(x, w), y)
    optimizer.zero_grad()                           #初始化梯度
```

```
        loss.backward()
        optimizer.step()
        if iter_n % 2 == 0:
            print("迭代步数",iter_n, '损失值', loss.data, "参数变化", w.data)
                                                                  # 输出 ↓
迭代步数 0 损失值 tensor(4.1230) 参数变化 tensor([0.7178, 0.7045, 0.9046])
迭代步数 2 损失值 tensor(1.7554) 参数变化 tensor([0.7573, 0.3673, 0.8268])
迭代步数 4 损失值 tensor(1.1360) 参数变化 tensor([0.7910, 0.2117, 0.7552])
迭代步数 6 损失值 tensor(0.9190) 参数变化 tensor([0.8199, 0.1399, 0.6892])
迭代步数 8 损失值 tensor(0.8090) 参数变化 tensor([0.8448, 0.1068, 0.6285])
迭代步数 10 损失值 tensor(0.7373) 参数变化 tensor([0.8663, 0.0915, 0.5727])
迭代步数 12 损失值 tensor(0.6851) 参数变化 tensor([0.8849, 0.0844, 0.5214])
迭代步数 14 损失值 tensor(0.6452) 参数变化 tensor([0.9011, 0.0812, 0.4743])
迭代步数 16 损失值 tensor(0.6142) 参数变化 tensor([0.9151, 0.0797, 0.4310])
迭代步数 18 损失值 tensor(0.5898) 参数变化 tensor([0.9274, 0.0790, 0.3912])
```

将计算后的结果系数(参数) $w=[0.9274,0.0790,0.3912]$代入公式,并绘制图片,其结果如图 5.7 所示。

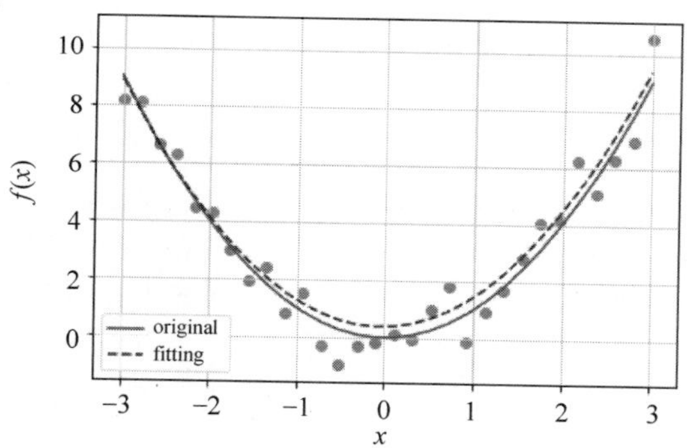

图 5.7 拟合函数与原函数对比图

这里通过 19 次迭代来求解参数,因此最终结果与上面代码运算的结果略有差别,但只要迭代次数足够大,其结果差异性就会很小。

5.2.4 激活函数

激活函数(activation function)又称非线性函数(nonlinear function)。激活函数是类似于神经元与神经元传递信息时的一种信息处理手段。激活函数具有以下几种性质:①非线性;②单调性;③值域有界性。

这里介绍 3 个常见的激活函数:sigmiod、tanh 和 ReLU。

1. 常见的激活函数

1) sigmoid

$$g(x)=\frac{1}{1+\mathrm{e}^{-x}} \tag{5.7}$$

2）tanh

$$\tanh(x)=\frac{e^{x}-e^{-x}}{e^{x}+e^{-x}} \tag{5.8}$$

3）ReLU

$$\text{relu}(x)=\begin{cases}0 & x\leqslant 0\\ x & x>0\end{cases} \tag{5.9}$$

通过 Python 对以上 3 个函数进行绘图，其代码如下所示，图像如图 5.8 所示。

```
#sigmoid 函数
def g(x):
    return 1 / (1 + torch.exp(-x))
#tanh 激活函数
def tanh(x):
    a1 = torch.exp(x)
    a2 = torch.exp(-x)
    return (a1 - a2) / (a1 + a2)
#ReLU 激活函数
def relu(x):
    return torch.clamp_min(x, 0)

x = torch.linspace(-5, 5, 100)
fig, axes = plt.subplots(1, 3, figsize=(12, 5))
axes[0].plot(x.numpy(), g(x).numpy(), 'r-.', label='sigmoid')
axes[1].plot(x.numpy(), tanh(x).numpy(), 'g', label='tanh')
axes[2].plot(x.numpy(), relu(x).numpy(), 'b', label='relu')
```

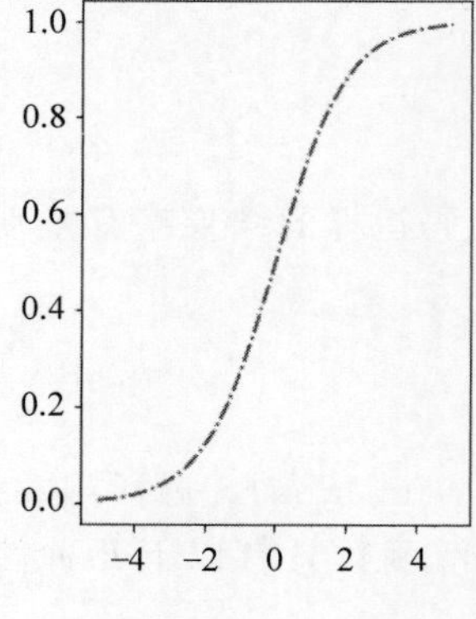

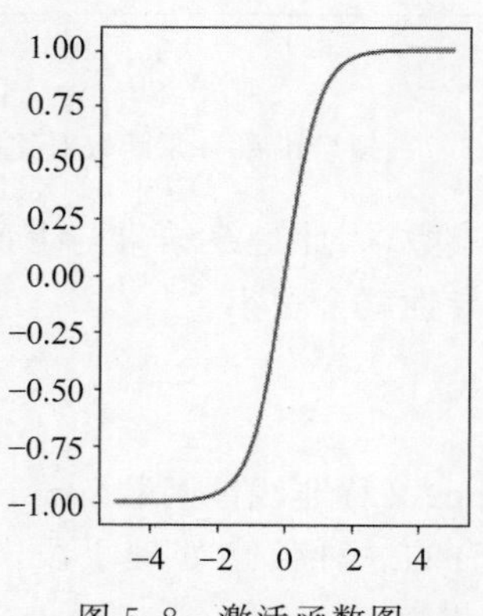

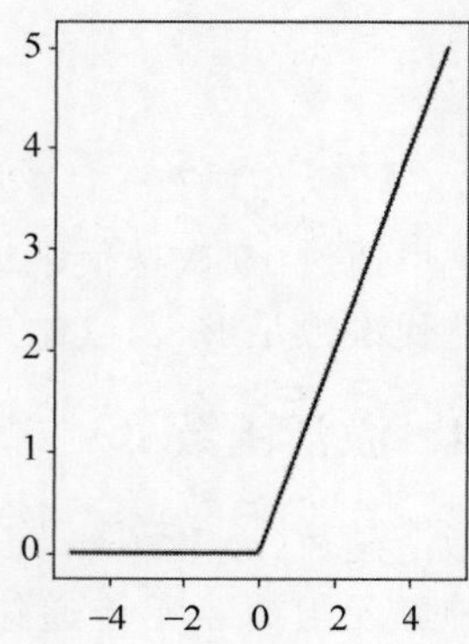

图 5.8 激活函数图

2. 激活函数的优缺点

以上 3 个激活函数都有各自的优缺点，这里对其简要介绍。

1）sigmiod 函数

优点：

- 值域为(0,1),单调连续,优化稳定;
- 易求导。

缺点:

- 易造成计算的梯度消失,从而导致训练出现问题;
- 其输出不是以 0 为中心(zero-centered)。

2) tanh 函数

优点:

- 相比于 sigmiod 函数,其收敛速度更快;
- 其输出是以 0 为中心。

缺点:由于饱和性产生的梯度消失(同 sigmiod 函数)。

注意:*对于函数 $f(x)$,当 $x\to-\infty$ 时,其导数 $f'(x)\to 0$,则称为左饱和,相应地,还有右饱和。若左右都满足饱和,称为两端饱和。*

3) ReLu 函数

优点:

- 计算复杂度低,不需要进行指数运算;
- 收敛速度比 sigmiod 和 tanh 快。

缺点:

- 输出不是以 0 为中心;
- 不会对数据做幅度压缩,因此数据幅度会随着模型层数的增加不断扩大。

除了以上函数、还有 ELU、SELU、Threshold、PReLU 和 Leakly ReLU 等激活函数,这里不再一一阐述。

5.2.5 softmax

softmax 函数又称归一化指数函数,是逻辑函数中的一种。Softmax 函数本质上是对有限项离散概率分布的梯度对数归一化[①]。softmax 函数在人工神经网络的多分类问题中有着非常广泛的应用。其意图是将一个含有任意实数的 k 维向量 $\boldsymbol{z}$,映射到另一个 k 维实向量中,但其元素范围为(0,1),k 个元素的和为 1。

$$\sigma(\boldsymbol{z})_j=\frac{\mathrm{e}^{z_j}}{\sum_{i=1}^{k}\mathrm{e}^{z_i}} \tag{5.10}$$

其 Python 代码实现非常简单,如下所示。

```
#导入模块包
import NumPy as np
#构建数组
z = np.array([1.0, 2.0, 1.0, 5.0, 6.0])
print(np.exp(z) / sum(np.exp(z)))
```

① https://zh.wikipedia.org/wiki/softmax 函数。

视频讲解

5.3 前馈神经网络

5.3.1 思想原理

人工神经网络(artificial neural network,ANN)简称神经网络[①]。人工神经网络有很多类型,这里仅阐述一些经典的方法。下面先介绍全连接神经网络,其简单的流程如图5.9所示。

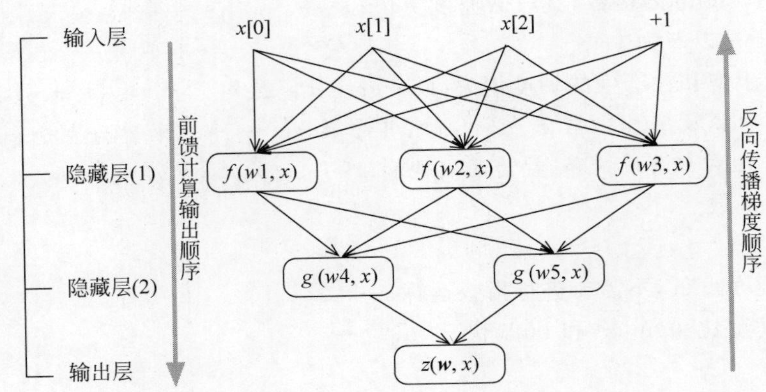

图5.9 全连接神经网络

如图5.9所示,这是一个全连接神经网络(fully connected neural network),全连接神经网络是仅由全连接层组成的前馈神经网络。图5.9含有输入层、隐藏层(2个)和输出层,这里有3个特征 $x_i(i=0,1,2)$ 和1个常数项 b,存在一个权重向量 $\boldsymbol{w}=(w_0,w_1,w_2)$,记

$$f(w_1,x)=w_0x_0+w_1x_1+w_2x_2+b=\sum_{i=0}^{2}w_ix_i+b \tag{5.11}$$

式(5.11)是第一个隐藏层(含有3个神经元),第一个隐藏层到第二个隐藏层传递之前,需要通过激活函数 $h(x)$ 计算 $h(f(w_1,x))$,然后作为“输入元”再进行类似于式(5.11)的处理 $g(w_4,h(f(w_i,x)))$,最终通过输出层来计算出输出结果。

前馈神经网络有以下特点:

- 每层含有不同数量的神经元,同层之间的神经元无连接;
- 相邻两层之间的神经元全部两两连接;
- 整个网络中无反馈环节,可以理解为一个有向无环图。

5.3.2 手写体识别实例

这里通过经典数据集——手写体(MNIST)数据集来进行实验,不妨先随机取出6个样本进行观察,其图像如图5.10所示。

---

① https://zh.wikipedia.org/wiki/人工神经网络。

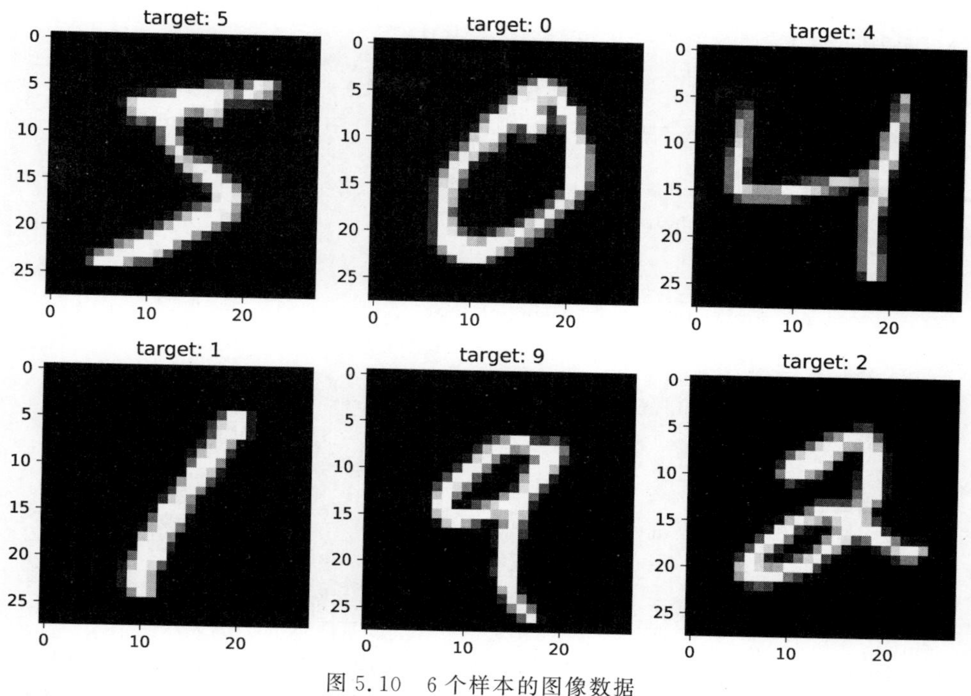

图 5.10 6 个样本的图像数据

MNIST 数据集是一个手写体数据集,共有 10 分类标签,每一个样本的标签值为 0～9 的一个数。训练集有 60 000 个样本,测试集有 10 000 个样本,每个样本都可以看成 28×28 的矩阵,因此将其展平成 1×784 向量,即 784 个变元。

下面通过 PyTorch 模块对其进行神经网络训练,先导入模块以及基本参数设置。

```
#模块导入
import torch
import torch.nn as nn
import torchvision
import torchvision.transforms as transforms
#基本参数设置
input_size = 784                #变量数量
num_calsses = 10                #分类数目
num_epochs = 5                  #迭代次数
batch_size = 100                #训练批次
learning_rate = 1e-3            #学习率
```

torchvision 模块作为 PyTorch 的辅助模块,不仅包含经典的深度学习模型,而且含有常见的数据集,现在下载并导入 MNIST 数据集。

```
data_path = '../data/MNIST'                 #在 data 路径下创建 MNIST 文件
#训练集若没有则下载
```

```
train_dataset = torchvision.datasets.MNIST(
    root = data_path,                              # 数据集路径
    train = True,                                  # 是否为训练集
    transform = transforms.ToTensor(),             # 将数据张量化处理
    download = True)                               # 进行下载
# 测试集
test_dataset = torchvision.datasets.MNIST(
    root = data_path,
    train = False,
    transform = transforms.ToTensor(),
    download = True)
# 构建训练数据加载器
train_loader = torch.utils.data.DataLoader(dataset = train_dataset,
                                           batch_size = batch_size,
                                           shuffle = True)

# 测试数据加载器
test_loader = torch.utils.data.DataLoader(dataset = test_dataset,
                                          batch_size = batch_size,
                                          shuffle = False)
```

通过 PyTorch 模块进行数据处理时，该数据集的输入格式都已处理好，其中 train_loader 为数据加载器，它可以很好地进行批处理运算。通过 PyTorch 先搭建一个极简的全连接网络，即输入层到输出层。

```
# 线性模型
model = nn.Linear(input_size, num_calsses)                        # 输出↓
Linear(in_features = 784, out_features = 10, bias = True)
```

这是一个非常简单的模型，即输入 784 个参数和 1 个偏置项(bias)，输出为 10 个分类数目。截止到目前，关于该数据集的预处理和模型构造已完成，下面开始进行模型训练。

```
# 损失函数
# nn.CrossEntropyLoss() 内部集成了 softmax 函数
criterion = nn.CrossEntropyLoss()
# 优化方式：随机梯度下降法
optimizer = torch.optim.SGD(model.parameters(), lr = learning_rate)
# 训练模型：遍历
for epoch in range(num_epochs):
    for i, (images, labels) in enumerate(train_loader):
        # 转换数据格式
        images = images.reshape(-1, 28 * 28)            # 28x28 → 1x784
        # 前向传播
        outputs = model(images)                         # 导入数据，输出计算结果值
        loss = criterion(outputs, labels)               # 代价函数(损失函数)
```

```
        #反向传播及优化
        optimizer.zero_grad()         #初始化梯度
        loss.backward()               #计算代价函数的损失函数
        optimizer.step()              #更新梯度
        #打印部分日志
        if (i + 1) % 300 == 0:
            print("Epoch: {0},Step: {1},loss: {2}".format(epoch + 1,i+1,loss.item()))
#输出↓
Epoch: 1, Step: 300, loss: 1.999853491783142
Epoch: 1, Step: 600, loss: 1.8600431680679321
Epoch: 2, Step: 300, loss: 1.6646180152893066
Epoch: 2, Step: 600, loss: 1.4261541366577148
Epoch: 3, Step: 300, loss: 1.3930109739303589
Epoch: 3, Step: 600, loss: 1.3381340503692627
Epoch: 4, Step: 300, loss: 1.1542218923568726
Epoch: 4, Step: 600, loss: 1.2540661096572876
Epoch: 5, Step: 300, loss: 1.0619515180587769
Epoch: 5, Step: 600, loss: 0.9185544848442078
```

下面通过测试集来验证模型的训练情况，其代码如下所示。

```
#PyTorch 默认每一次前向传播都会计算梯度
with torch.no_grad():
    correct = 0                                         #初始化正确数量
    total = 0                                           #初始化总数
    for images, labels in test_loader:
        images = images.reshape( - 1, 28 * 28)          #测试集格式
        outputs = model(images)                         #代入训练好的模型
        _, predicted = torch.max(outputs.data, 1)       #取最大值
        total += labels.size(0)
        correct += (predicted == labels).sum()          #正确数
    print('Accuracy of the model on the 10000 test images:{} %'.format(100 * correct/total))
#输出↓
Accuracy of the model on the 10000 test images: 83 %
```

这里通过这个全连接神经网络模型可以获得83%的准确率。从其代码结构上不难发现是非常简洁的，易读性很高。若读者对其感到生疏，建议查阅官方的 PyTorch 文档进行学习。

有时候构建的神经网络比较复杂，建议继承 torch.nn.Module 类来构建神经网络，其代码构建是非常方便的。

```
#导入模块
import torch.nn as nn
import torch.nn.functional as F
#构建一个 MnistNet 类
```

```
class MnistNet(nn.Module):
    def __init__(self, input_size, hidden_size, num_classes):
        super(MnistNet, self).__init__()
        self.fc1 = nn.Linear(input_size, hidden_size)
        self.fc2 = nn.Linear(hidden_size, num_classes)
    def forward(self, x):
        x = self.fc1(x)                          #全连接
        x = F.relu(x)                            #ReLU 激活函数
        x = self.fc2(x)                          #全连接
        return x                                 #输出结果
```

以上自定义类都做了哪些工作？下面简要阐述。

- 导入必要的模块；
- 构建名为 MnistNet 的类，并继承 torch.nn.Module 类；
- 定义两个线性函数 fc1，fc2；
- 重构前馈神经网络函数 forward；
- 前馈神经网络中先对输入数据通过第一个线性函数线性计算，然后通过激活函数 ReLU 处理，再通过第 2 个线性函数进行线性计算，将最后的计算结果输出。

现在将对象实例化，其代码如下所示。

```
model1 = MnistNet(784, 20, 10)      #输入层: 784, 隐含层: 20 个神经元, 输出层:10
model1                              #输出↓ 神经网络结构
MnistNet(
  (fc1): Linear(in_features = 784, out_features = 20, bias = True)
  (fc2): Linear(in_features = 20, out_features = 10, bias = True)
)
```

构建相应的损失函数和梯度下降法，并对模型进行训练，其代码如下所示。

```
criterion = nn.CrossEntropyLoss()
optimizer1 = torch.optim.SGD(model1.parameters(), lr = learning_rate)
#训练模型
total_step = len(train_loader)
for epoch in range(num_epochs):
    for i, (images, labels) in enumerate(train_loader):
        #转换数据格式
        images = images.reshape( - 1, 28 * 28)
        #前向传播
        outputs = model1(images)
        loss = criterion(outputs, labels)
        #反向传播及优化
        optimizer1.zero_grad()
        loss.backward()
```

```
        optimizer1.step()
        #打印部分日志
        if (i + 1) % 300 == 0:
            print("Epoch: {0},Step: {1},loss: {2}".format(epoch+1,i+1,loss.item()))
```

这里不再给出打印结果，不难看出 PyTorch 模块搭建神经网络是非常系统和简洁的。这也是 PyTorch 模块发行后备受欢迎的主要原因之一。

5.4 卷积神经网络

视频讲解

卷积神经网络(convolutional neural network，CNN)是一种具有局部连接、权重共享等特性的深层前馈神经网络。CNN 算法主要用于图像处理问题，因为图像可以看成含有多个颜色通道的二维矩阵以及特征处理过程中需要满足视野域的概念，但也可以用于一维数据。卷积的主要功能是在给定的图像上滑动一个卷积核(卷积核函数，又称滤波器)，通过卷积计算后获得一组新的特征。

全连接前馈神经网络中，其权重矩阵的参数非常多致使训练效率低下。

5.4.1 核函数

介绍卷积神经网络之前，非常有必要介绍卷积核函数。卷积核函数有很多种，这里介绍 5 种常见的 3×3 卷积核函数。

1. identity

identity 卷积核是非常简单的。

$$\mathbf{kernel}=\begin{pmatrix}0 & 0 & 0\\ 0 & 1 & 0\\ 0 & 0 & 0\end{pmatrix} \tag{5.12}$$

该卷积核函数不改变图像的任何元素，不妨给定一个图像(单渠道或灰度)的矩阵 $\boldsymbol{I}$，如下所示。

$$\boldsymbol{I}=\begin{pmatrix}8 & 0 & 0 & 2 & 1 & 0 & 0 & 0 & 3\\ 0 & 0 & 5 & 14 & 2 & 0 & 0 & 3 & 0\\ 0 & 3 & 0 & 13 & 0 & 0 & 0 & 3 & 0\\ 0 & 0 & 6 & 3 & 0 & 13 & 3 & 7 & 2\\ 0 & 16 & 0 & 18 & 7 & 0 & 11 & 3 & 0\\ 0 & 0 & 0 & 1 & 1 & 7 & 0 & 0 & 11\\ 12 & 6 & 0 & 20 & 0 & 7 & 0 & 19 & 15\\ 2 & 0 & 5 & 0 & 0 & 12 & 14 & 0 & 8\\ 0 & 4 & 19 & 0 & 0 & 4 & 5 & 0 & 0\end{pmatrix} \tag{5.13}$$

对矩阵 $\boldsymbol{I}$ 进行卷积函数处理时，其计算方式是非常简单的(暂不考虑边界元素)，

$\boldsymbol{I}_{i=1,j=1}$ 的分块矩阵

$$\begin{pmatrix} 8 & 0 & 0 \\ 0 & 0 & 5 \\ 0 & 3 & 0 \end{pmatrix} \tag{5.14}$$

$\boldsymbol{I}_{i=1,j=1}$ 与卷积核对应元素相乘后再相加:

$$0\times8+0\times0+0\times0+0\times0+1\times0+0\times5+0\times0+0\times3+0\times0=0$$

即通过卷积核 kernel 函数在图像 $\boldsymbol{I}_{i=1,j=1}$ 位置的值为 0。

这里给定一个图像,其图像读取效果如图 5.11 所示。

图 5.11　原图(源于 MATLAB 内置图像)

以上图像是一个含有 3 个渠道(R、G、B)的 256×256 的方形图像,其代码如下所示。

```
#模块
import numpy as np
import torch
from PIL import Image, ImageShow
from torchvision import transforms
import matplotlib.pyplot as plt
%matplotlib inline
#读取图像
path = "../chap3/girl.png"
girl_pic = Image.open(path)
girl_pic                    #输出↓
```

将以上图像转换成数组,这里通过 NumPy 模块的 array 成员函数将图像数据转换成数组类型。

```
np.array(girl_pic).shape               #输出↓
(256, 256, 3)
type(girl_pic)                         #输出↓
PIL.PngImagePlugin.PngImageFile
```

```
# 数据(width, height, channel) 转换成(channel, width, height)
data2channel_tensor = transforms.functional.to_tensor(np.array(girl_pic))
data2channel_tensor.shape                  # 输出↓
torch.Size([3, 256, 256])
```

下面通过卷积核函数 kernel1 对图像的矩阵 ***I*** 做处理，其代码如下。

```
kernel_tensor = torch.FloatTensor(3,3,3)
for i in range(3):
    # 核函数
    kernel_tensor[i] = torch.Tensor([[0,0,0],[0,1,0],[0,0,0]])

# 构建一个等同，元素全为 0 的数组
new_data_tensor = torch.zeros_like(data2channel_tensor)
c, m, n = data2channel_tensor.size()             # 渠道，宽，高
for layer in range(3):                           # 遍历渠道
    tmp_data = data2channel_tensor[layer]
    kernel = kernel_tensor[layer]
    # 遍历计算
    for i in range(1, m - 1):
        for j in range(1, n - 1):
            ele_data = tmp_data[i - 1:i + 2,j - 1:j + 2]
            # 计算值结果
            result_value = float((ele_data * kernel.float()).sum().numpy())
            new_data_tensor[layer][i, j] = result_value
```

2. edge detection

边缘检测(edge detection)卷积核矩阵有很多形式，常见的 3 种形式如下所示。

$$\begin{pmatrix} 1 & 0 & -1 \\ 0 & 0 & 0 \\ -1 & 0 & 1 \end{pmatrix} \tag{5.15}$$

$$\begin{pmatrix} 0 & 1 & 0 \\ 1 & -4 & 1 \\ 0 & 1 & 0 \end{pmatrix} \tag{5.16}$$

$$\begin{pmatrix} -1 & -1 & -1 \\ -1 & 8 & -1 \\ -1 & -1 & -1 \end{pmatrix} \tag{5.17}$$

通过以上 3 种边缘检测卷积核矩阵对图像的矩阵 ***I*** 分别处理，步长设置为 1，其结果如图 5.12 所示。

通过图 5.12 不难看出，其边缘轮廓的差异非常明显。

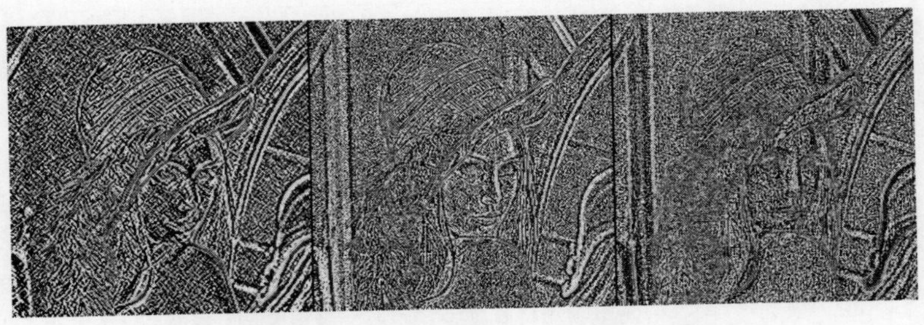

图 5.12 边缘检测卷积核函数处理结果

3. sharpen

锐化(sharpen)卷积核函数如下所示。

$$\begin{pmatrix} 0 & -1 & 0 \\ -1 & 5 & -1 \\ 0 & -1 & 0 \end{pmatrix} \tag{5.18}$$

其结果如图 5.13 所示。

图 5.13 锐化卷积核函数处理结果

4. box blur

盒子模糊(box blur)是将 3×3 的矩阵元素全部设置为$\frac{1}{9}$,可以看作一种简单的加权平均方式,其卷积和函数如下所示。

$$\begin{pmatrix} \frac{1}{9} & \frac{1}{9} & \frac{1}{9} \\ \frac{1}{9} & \frac{1}{9} & \frac{1}{9} \\ \frac{1}{9} & \frac{1}{9} & \frac{1}{9} \end{pmatrix} \tag{5.19}$$

关于其效果图这里不再表述，因为其效果图和下面要阐述的高斯模糊比较相近。

5. Gaussian blur

高斯模糊(Gaussian blur)是一种比较常见的模糊处理方法，它考虑到了距离问题，距离中心元素最近的4个元素全部为$\frac{2}{16}$，剩余的4个角元素全部为$\frac{1}{16}$，中心元素数值为$\frac{4}{16}$。

$$\begin{pmatrix} \frac{1}{16} & \frac{2}{16} & \frac{1}{16} \\ \frac{2}{16} & \frac{4}{16} & \frac{2}{16} \\ \frac{1}{16} & \frac{2}{16} & \frac{1}{16} \end{pmatrix} \tag{5.20}$$

通过高斯模糊处理好的图像相比于原图有一定的模糊，但是高斯模糊可以在一定程度上有效降低高斯噪声，其图像如图5.14所示。

图5.14 高斯模糊卷积核处理结果

除了以上5种常见的3×3卷积核函数，还有其他类似的5×5和7×7等卷积核函数。读者可以自行查阅相关资料深入了解和学习。

5.4.2 池化层

除了上面的卷积核函数和激活函数，卷积网络中另一个重要的结构是池化层(pooling)。其本质是将图片变小，达到一种降维的目的，从而有效提高计算效率，并能保留原图像相应的特征。池化层没有任何参数，易于实现，其形式也有多种，比如最大值池化、最小值池化、均值池化等，并且其尺寸大小以及步长可进行人为调整或设置。卷积网络中采用最大池化层来做处理。

5.4.3 LeNet

LeNet神经网络由深度学习三巨头之一的Yan LeCun提出，该方法标志着CNN的真正面世。LeNet 主要用于手写体的识别与分类，并在美国银行得到广泛应用。由于当时计算机硬件不佳，以及缺少大规模的训练集，致使 LeNet 模型在处理较复杂的问题时不太理想，但是其思想方法非常值得借鉴。LeNet 神经网络结构如图 5.15 所示。

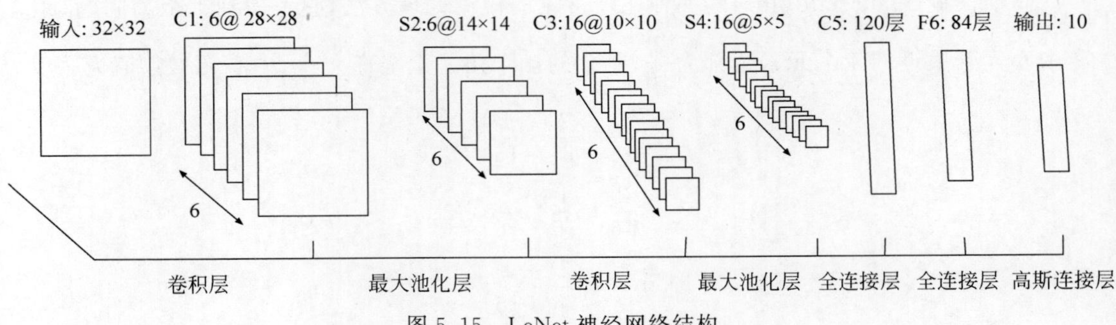

图 5.15　LeNet 神经网络结构

根据图 5.15 的神经网络，不难看出它涉及 2 个卷积层和 2 个全连接层，其 PyTorch 代码也是非常简单的，如下所示。

```
#导入模块
import torch.nn as nn
import torch.nn.functional as F
#构建一个 LeNet 类
class LeNet(nn.Module):
    def __init__(self):
        super(LeNet, self).__init__()
        self.tmp_dict = {}
        #3: 输入图片单通道, 6: 输出通道数, 5: 卷积核为 5 * 5
        self.conv1 = nn.Conv2d(3, 6, 5)
        self.conv2 = nn.Conv2d(6, 16, 5)
        #全连接层 y = wx + b
        self.fc1 = nn.Linear(16 * 5 * 5, 120)
        self.fc2 = nn.Linear(120, 84)
        self.fc3 = nn.Linear(84, 10)
    def forward(self, x):
        #卷积 -> 激活 -> 池化
        x = self.conv1(x)                   #5×5 卷积核
        x = F.relu(x)                       #ReLU 激活函数
        x = F.max_pool2d(x, 2)              #最大池化层 2×2
        x = self.conv2(x)                   #卷积 6 个神经元扩展到 16 个神经元,5×5 卷积核
        x = F.relu(x)                       #激活函数
        x = F.max_pool2d(x, 2)              #2×2 池化层#S4
        x = x.view(x.size()[0], -1) #数据展平 C5
        x = F.relu(self.fc1(x))             #线性模型 1
        x = F.relu(self.fc2(x))             #线性模型 2
        return self.fc3(x)                  #输出层
```

现在根据以上构建的神经网络代码，对 LeNet 算法进行阐述：

- 输入层：含有 3 个颜色通道的图像大小为 32 ×32；
- C1 层：6 个 5×5 的卷积核，即 6 组 28×28 特征映射结果；
- S2 层：使用最大池化层 2×2，生成 6 组 14×14 个神经元；
- C3 层：由 6 组扩展到 16 组大小为 10×10 的特征映射，这里采用了部分连接(非全连接)，使用了 60 个 5×5 的卷积核，若是全连接则是 6×16=96 个卷积核；
- S4 层：继续采用 2×2 的池化层，得到 16 组 5×5 的特征映射；
- C5 层：对数据进行展平，得到 120 个 1×1 的特征映射，使用 16×120 个 5×5 个卷积核；
- F6 层：这是一个全连接层，共有 84 个神经元；
- 输出层：输出 10 个类别数组结果。

5.4.4 AlexNet

AlexNet 由 Hilton 的学生 Alex Krizhevsky 提出，它可被视为首个现代深度卷积网络模型，主要体现在使用 GPU 进行并行训练、利用 Dropout 防止过拟合。AlexNet 在 2012 年的 ImageNet 图像分类大赛中获得冠军。AlexNet 模型如图 5.16 所示。

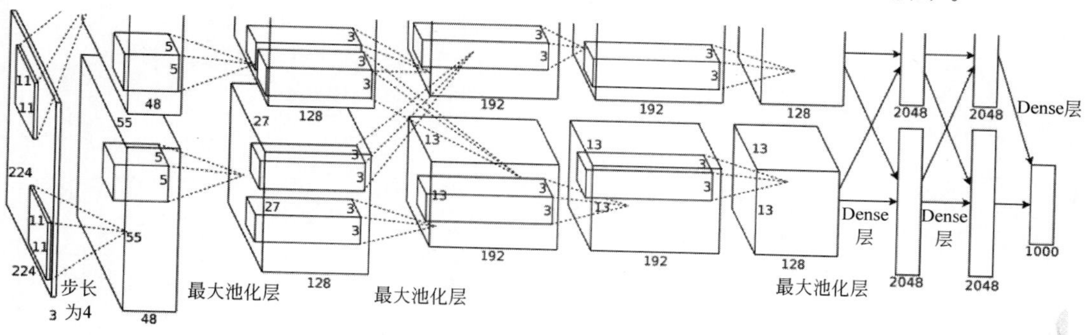

图 5.16 AlexNet 模型(图片来源见参考文献 [11])

关于 AlexNet 模块的代码如下所示。

```
import torch.nn as nn
import torchvision.transforms as transforms
class AlexNet(nn.Module):
    def __init__(self, num_classes):
        super(AlexNet, self).__init__()
        self.features = nn.Sequential(
            #(227 - 11 + 2 × 2) / 4 = 55
            nn.Conv2d(3, 96, kernel_size = 11, stride = 4, padding = 2),
            #输出 55 × 55 × 96
            nn.ReLU(inplace = True),
            nn.MaxPool2d(kernel_size = 3, stride = 2),
```

```
            nn.Conv2d(64, 256, kernel_size = 5, padding = 2),
            nn.ReLU(inplace = True),
            nn.MaxPool2d(kernel_size = 3, stride = 2),
            nn.Conv2d(192,384,kernel_size = 3, padding = 1),
            nn.ReLU(inplace = True),
            nn.Conv2d(384,256, kernel_size = 3, padding = 1),
            nn.ReLU(inplace = True),
            nn.Conv2d(256,256,kernel_size = 3, padding = 1),
            nn.ReLU(inplace = True),
            nn.MaxPool2d(kernel_size = 3, stride = 2)
        )
        self.classifier = nn.Sequential(
            nn.Dropout(),
            nn.Linear(256 * 6 * 6, 4096),
            nn.ReLU(inplace = True),
            nn.Dropout(),
            nn.Linear(4096, 4096),
            nn.ReLU(inplace = True),
            nn.Linear(4096, num_classes)
        )
    def forward(self, x):
        x = self.features(x)
        x = x.view(x.size(0), 256 * 6 * 6)
        x = self.classifier(x)
        return x
```

5.4.5 ResNet

2015 年，在 ImageNet 竞赛中获得冠军的是由微软亚洲研究院的研究员设计的更加简单的网络 ResNet，该模型可有效地解决深度神经网络难以训练的问题①，可训练高达 1000 层的卷积网络。由于网络资源中有很多现成的介绍，这里不再一一赘述。

```
from torch import nn
import torch as t
from torch.nn import functional as F
class ResidualBlock(nn.Module):
    '''
    实现子模块: Residual Block
    '''
    def __init__(self, in_channel, out_channel, stride = 1, short_cut = None):
        super(ResidualBlock, self).__init__()
```

① 网络之所以难以训练，是因为存在梯度消失的问题。

```
        self.left = nn.Sequential(
            nn.Conv2d(in_channel, out_channel, 3, stride, padding=1, bias=False),
            nn.BatchNorm2d(out_channel),
            nn.ReLU(inplace=True),
            nn.Conv2d(out_channel, out_channel, 3, 1, 1, bias=False),
            nn.BatchNorm2d(out_channel)
        )
        self.right = short_cut
    def forward(self, x):
        out = self.left(x)
        residual = x if self.right is None else self.right(x)
        out += residual
        return F.relu(out)
class ResNet(nn.Module):
    '''
    主模块: ResNet34
    '''
    def __init__(self, num_classes = 1000):
        super(ResNet, self).__init__()
        #前几层图像转换
        self.pre = nn.Sequential(
            nn.Conv2d(3, 64, 7, 2, 3, bias=False),
            nn.BatchNorm2d(64),
            nn.ReLU(inplace=True),
            nn.MaxPool2d(3,2,1))
        #重复 layer: 分别为 3,4,6,residual block
        self.layer1 = self._make_layer(64, 128, 3)
        self.layer2 = self._make_layer(128, 256, 4, stride = 2)
        self.layer3 = self._make_layer(256, 512, 6, stride = 2)
        self.layer4 = self._make_layer(512, 512, 3, stride = 2)
        #分类用的全连接
        self.fc = nn.Linear(512, num_classes)
    def _make_layer(self, in_channel, out_channel, block_num, stride = 1):
        '''
        构建 layer, 包含多个 residual block
        :param in_channel:
        :param out_channel:
        :param block_num:
        :param stride:
        :return:
        '''
        shortcut = nn.Sequential(
            nn.Conv2d(in_channel, out_channel, 1, stride, bias=False),
            nn.BatchNorm2d(out_channel)
        )
        layers = []
        layers.append(ResidualBlock(in_channel, out_channel, stride, shortcut))
```

```
        for i in range(1, block_num):
            layers.append(ResidualBlock(out_channel, out_channel))
        return nn.Sequential( * layers)
    def forward(self, x):
        '''
        :param x: 样本
        :return: 前反馈数据结果
        '''
        x = self.pre(x)
        x = self.layer1(x)
        x = self.layer2(x)
        x = self.layer3(x)
        x = self.layer4(x)
        x = F.avg_pool2d(x, 7)
        x = x.view(x.size(0), -1)
        return self.fc(x)
```

关于 ResNet 神经网络的变型较多,比如 ResNet18、ResNet3、ResNet50、ResNet101 以及 ResNet152。ResNet 神经网络在处理实际问题中具有较好的表现能力,很大程度归功于 Residual Block。

5.4.6 GoogLeNet

VGG 在 2014 年的 ImageNet 比赛中获得了亚军,冠军为 GoogLeNet,其模型由 Google 的研究人员提出。该模型在当时影响非常大,其根源在于颠覆了对卷积神经网络的常规想法。除此之外,它采用了一种非常高效的 inception 模块,得到了比 VGG 更深的网络结构,并且其参数比 VGG 的参数更少。这里给出高效的 inception 模块示意图,如图 5.17 所示。

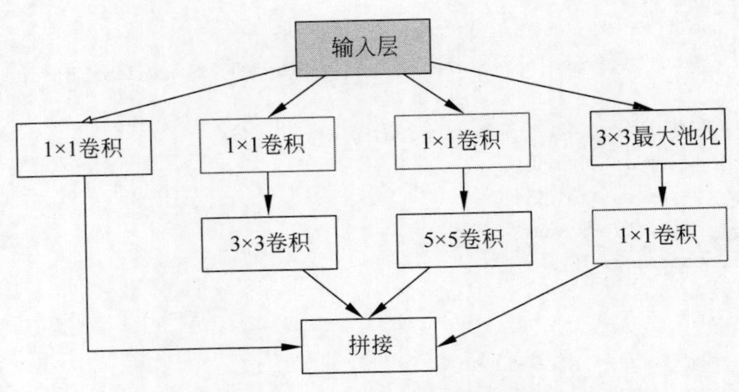

图 5.17 inception 模块示意图

图 5.17 含有 4 个并行线路:

- 一个 1×1 的卷积,一个小的感受野进行卷积提取特征;
- 一个 1×1 的卷积加上一个 3×3 的卷积,1×1 的卷积降低输入的特征通道,减少参数计算量,然后接一个 3×3 的卷积,做一个较大感受野的卷积;

- 一个 1×1 的卷积加上一个 5×5 的卷积，做一个更大感受野的卷积；
- 一个 3×3 的最大池化加上一个 1×1 的卷积，最大池化改变输入的特征序列，1×1 的卷积进行特征提取。

最终将 4 个并行线路得到的特征进行拼接，再进行下一步处理。

5.4.7 垃圾分类实例

垃圾分类问题是当下研究的一个热点问题，这里通过自行构建的神经网络（与 LeNet 神经网络非常相似）来实验垃圾分类问题。本实例的样本数据来源于网络资源[①]，共有 6 个分类：纸板（箱）（cardboard）、玻璃瓶（glass）、金属类（metal）、纸质类（paper）、塑料类（plastic）以及垃圾（trash），其训练集的各类样本数量如表 5.1 所示。

表 5.1 垃圾样本对应的样本量

label	cardboard	glass	metal	paper	plastic	trash
N	403	501	410	594	482	137

通过表 5.1 不难发现，训练集的各类样本数量并不均衡，但这里并不想深入探究这个问题。现在随机读取几个样本观察其图像，如图 5.18 所示。

图 5.18 训练集样本图像

图 5.18 中含有 6 张图像，对应的类别分别为：cardboard、glass、metal、paper、plastic 以及 trash，由于训练集的数据都处理成尺寸大小一致的图像，因此不需要再次处理。下面通过 PyTorch 来进行数据预处理。

```
from torchvision import transforms,datasets
from torch.utils.data import Dataset, DataLoader
import torch.optim as optim
import torch.nn.functional as F
path = "./dataset-resized/"                    #训练集数据路径
```

① 链接为 https://pan.baidu.com/s/1rWl_odFKFAnNBrlNUxDo8g，密码：uhv8。

```
data_transform = transforms.Compose([
    transforms.Resize(84),                                  #重置成尺寸大小为 84×84 的图像
    transforms.CenterCrop(84),                              #剪切
    transforms.ToTensor(),                                  #转换成张量形式
    transforms.Normalize(mean = [0.485, 0.456, 0.406], std = [0.229, 0.224, 0.225])
                                                            #标准化处理
])
train_dataset = datasets.ImageFolder(root = path, transform = data_transform)
```

这里借助 torchvision 中 transforms 来进一步处理数据，比如设置尺寸、剪切、张量化处理以及标准化处理等，利用 dataset 来导入数据集。其效果可以通过打印 train_dataset 来查看。其代码如下所示。

```
print(train_dataset)                                        #输出↓
Dataset ImageFolder
    Number of datapoints: 2527
    Root location: ./dataset-resized/
    StandardTransform
Transform: Compose(
                Resize(size = 84, interpolation = PIL.Image.BILINEAR)
                CenterCrop(size = (84, 84))
                ToTensor()
                Normalize(mean = [0.485, 0.456, 0.406], std = [0.229, 0.224, 0.225])
            )
```

完成训练集数据的处理工作，下面就需要对其进行训练方式的设置，比如以什么样的方式来进行训练模型。这里选择以批次为 2(batch_size＝2)、每次迭代的批次样本顺序随机变动(shuffle＝True)，以及采用 2 个进程(num_workers＝2)来训练，其代码实现是非常简单的，如下所示。

```
train_loader = torch.utils.data.DataLoader(train_dataset, batch_size = 2,
                                           shuffle = True, num_workers = 2)
```

下面给定自定义的神经网络，其代码如下所示。

```
class MyNet(nn.Module):
    def __init__(self):
        super(MyNet, self).__init__()
        self.features = nn.Sequential(
            nn.Conv2d(in_channels = 3, out_channels = 18, kernel_size = 5, stride = 1,
                                                        dilation = 1),
            nn.ReLU(inplace = True),
            nn.MaxPool2d(kernel_size = 2, stride = 2),
```

```
            nn.Conv2d(in_channels = 18, out_channels = 30, kernel_size = 5, stride = 1,
                                                      dilation = 1),
            nn.ReLU(inplace = True),
            nn.MaxPool2d(kernel_size = 2, stride = 2)
        )
        self.linear = nn.Sequential(
            nn.Linear(in_features = 30 * 18 * 18, out_features = 1024),
            nn.ReLU(inplace = True),
            nn.Linear(in_features = 1024, out_features = 512),
            nn.ReLU(inplace = True),
            nn.Linear(in_features = 512, out_features = 6)
        )
    def forward(self, x):
        x = self.features(x)
        x = x.view(-1, 30 * 18 * 18)
        x = self.linear(x)
        return x
```

由于数据量较大,现在通过 GPU 进行加速训练,其代码如下所示。

```
net = MyNet().cuda()
#函数
cirterion = nn.CrossEntropyLoss()
#优化函数
optimizer = optim.SGD(net.parameters(), lr = 0.0001)
#迭代遍历
for epoch in range(100):
    for i,data in enumerate(train_loader,0):
        inputs, labels = data                          #x, y
        outputs = net(inputs.cuda())                   #训练, 输出预测\hat{y}
        loss = cirterion(outputs.cpu(),labels)         #损失函数
        optimizer.zero_grad()
        loss.backward()
        optimizer.step()
        loss_val = loss.data.numpy()
        if i % 10 == 0:
            print('epoch:[%d|%d], loss: %.3f' % (epoch + 1, i + 1, loss_val))
```

该模型采用随机梯度下降法来进行批次训练,并且迭代次数(epoch)为 100,这里不考虑这些设置是否可以获得本问题的最优解,仅考虑整个神经网络的正常运行。截至目前,即完成了整个训练过程,net 中的参数即是待求系数。关于模型的验证这里不再赘述,通过 PyTorch 的相关模块看一下整个模型的构造,如图 5.19 所示。

图 5.19 的神经网络模型结构图可以通过 PyTorch 相应的代码来实现,其代码也非常的简单,如下所示。

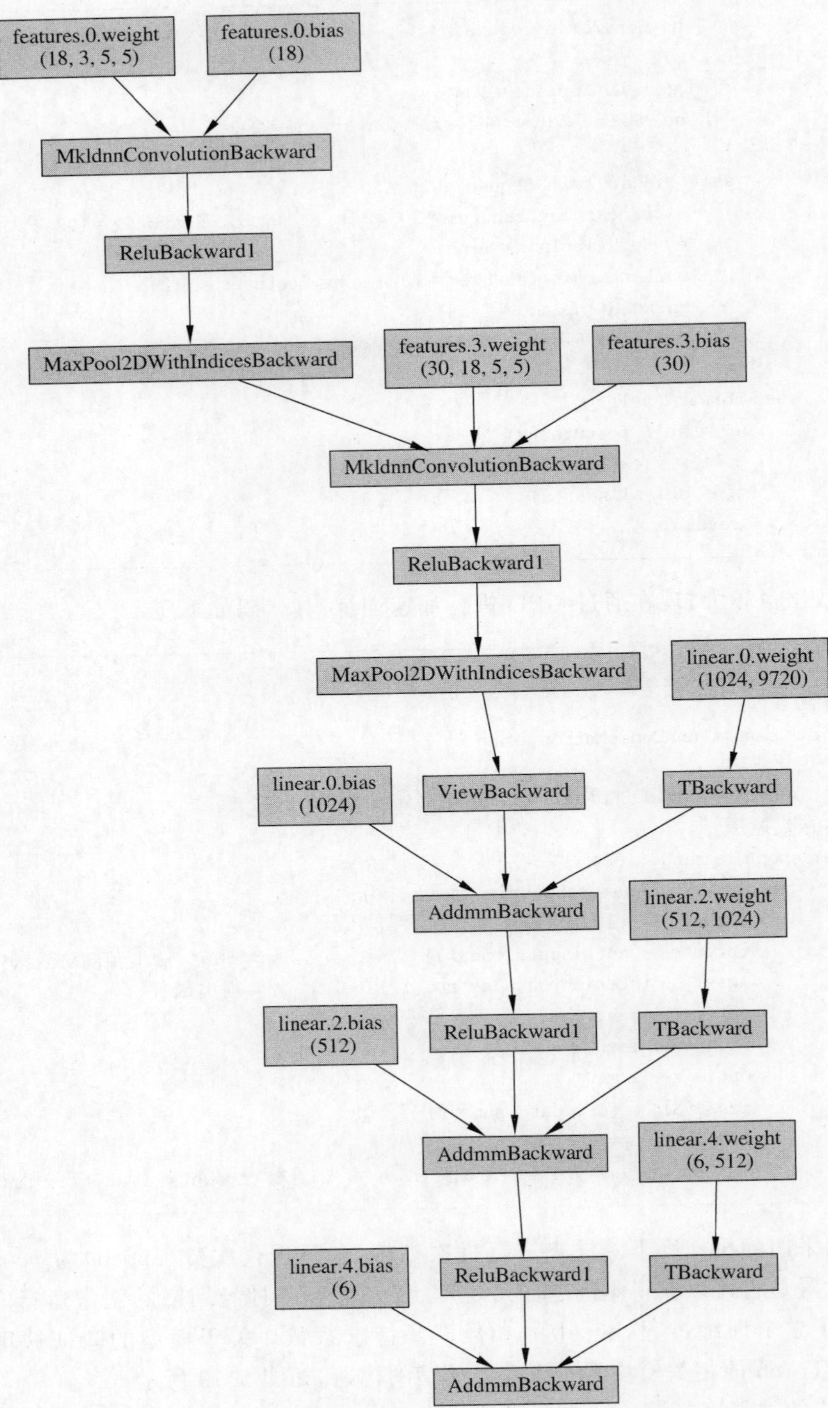

图 5.19 MyNet 神经网络模型

```
from torchviz import make_dot
from torch.autograd import Variable
#随机生成一个满足图片尺寸大小和数据结构类型的随机张量
x = Variable(torch.randn(1, 3, 84, 84))
vis_graph = make_dot(net(x), params=dict(net.named_parameters()))
#将神经网络结构模型保存成 pdf 文件格式
vis_graph.view()
```

待模型训练完成后，需要对其进行保存，代码如下所示。

```
#保存和加载整个模型，包括网络结构、模型参数等
torch.save(net, 'MyNet_model.pkl')
#加载已训练好的模型
model = torch.load('MyNet_model.pkl')
#保存和加载网络中的参数
torch.save(net.state_dict(), 'params.pkl')
#加载已训练好的模型
resnet.load_state_dict(torch.load('params.pkl'))
```

5.5 生成对抗网络

5.5.1 思想原理

生成对抗网络(generative adversarial net，GAN)作为深度学习的热门方向之一，深受研究学者和部分市场的欢迎。Ian Goodfellow(称为 GAN 之父)在 2014 年首次提出生成对抗网络，并给出了一个通过 GAN 实现的手写数字。GAN 可以有效解决非监督学习的一个有名的问题：指定一定规模的样本，训练一个系统能够生成类似的新样本。

下面给出 GAN 的流程图，如图 5.20 所示。

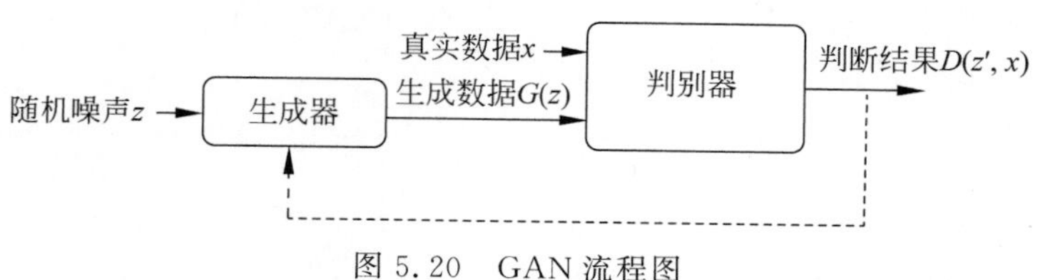

图 5.20 GAN 流程图

根据图 5.20，给出其优化目标函数：

$$\min_G \max_D V(D,G) = E_{x \sim p_{\text{data}}(x)}[\log D(x)] + E_{z \sim p_z(z)}[\log(1-(D(G(z)))] \tag{5.21}$$

GAN 模型在训练期间容易陷入损失函数值 NaN 现象，G 网络和 D 网络在训练过程中要保持在一个平衡状态，若一方训练过好会致使另一方训练无法进行。相关研究人员在 GAN 的基础上提出了多种变种模型，比如 WGAN、DCGAN、CGAN 和 LSGAN 等。感兴趣的读者可以通过文献检索来进行了解和学习。

5.5.2 对抗网络实例

通过对手写字段进行训练得到新的样本集,其结果如图 5.21 所示。

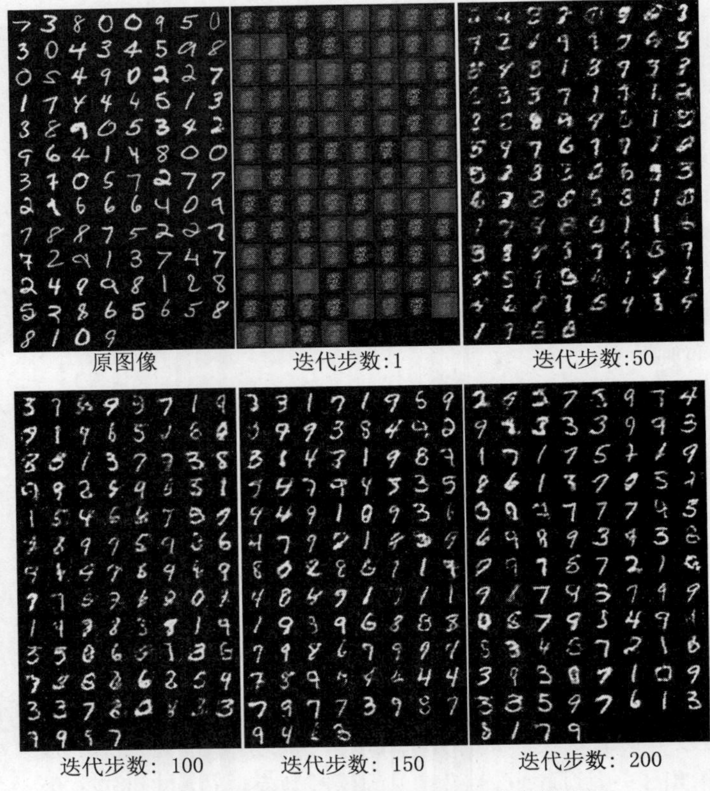

图 5.21 手写字体原图像和部分训练次数结果

通过图 5.21 的结果不难看出,GAN 模型在训练过程生成的样本与原样本非常相近,并且训练次数越高其相似度越大,从而到达真假难分的目的。其代码(该代码借鉴了 github 资源)如下所示。

```
#导入模块
import torch
import torch.nn as nn
from torchvision import datasets
from torchvision import transforms
from torchvision.utils import save_image
from torch.autograd import Variable
from torch.utils.data import DataLoader
#对图像进行处理
def img_norm(x):
    '''分段函数'''
    out = (x + 1) / 2
```

```
        return out.clamp(0, 1)
#标准化, 均值为 0.5, 标准差为 0.5
transform = transforms.Compose([
    transforms.ToTensor(),
    transforms.Normalize(mean = (0.5, 0.5, 0.5), std = (0.05,0.05,0.05))])
#下载数据
path = "../data"
mnist = datasets.MNIST(
    root = path,
    train = True,                                   #训练集
    transform = transform,                          #数据格式转换
    download = True
)
#数据批量,随机批次
train_loader = DataLoader(mnist, batch_size = 100, shuffle = True)
#加载数据, 对输入数据做线性变换
D = nn.Sequential(
    nn.Linear(784, 256),
    #max(0,x) + 0.2 * min(0,x)
    nn.LeakyReLU(0.2),
    nn.Linear(256,128),
    nn.LeakyReLU(0.2),
    nn.Linear(128,1),
    nn.Sigmoid()
)
#生成数据的取值范围与真实数据相似
G = nn.Sequential(
    nn.Linear(64, 128),
    nn.LeakyReLU(0.2),
    nn.Linear(128, 256),
    nn.LeakyReLU(0.2),
    nn.Linear(256, 784),
    nn.Tanh()
)
#损失函数以及优化函数
criterion = nn.BCELoss()
d_optimizer = torch.optim.Adam(D.parameters(), lr = 1e-6)
g_optimizer = torch.optim.Adam(G.parameters(), lr = 1e-6)
#遍历
for epoch in range(200):
    for i, (images, _) in enumerate(train_loader):     #不需要 label
        batch_size = images.size(0)
        #转成 784 * 1 向量
        images = Variable(images.view(batch_size, -1))
        #构建元素全为 1 的矩阵
        real_labels = Variable(torch.ones(batch_size))
        #元素全为 0 的矩阵
        fake_labels = Variable(torch.zeros(batch_size))
```

```
        outputs = D(images)
        d_loss_real = criterion(outputs.view(1, - 1), real_labels)
        real_score = outputs
        #构建随机矩阵
        z = Variable(torch.randn(batch_size, 64))
        #先G网络后D网络
        fake_images = G(z)
        outputs = D(fake_images)
        d_loss_fake = criterion(outputs.view(1, - 1), fake_labels)
        fake_score = outputs
        d_loss = d_loss_real + d_loss_fake
        D.zero_grad()
        d_loss.backward()
        d_optimizer.step()
        z = Variable(torch.randn(batch_size, 64))
        #先G网络后D网络
        fake_images = G(z)
        outputs = D(fake_images)
        g_loss = criterion(outputs.view(1, - 1), real_labels)
        D.zero_grad()
        G.zero_grad()
        g_loss.backward()
        g_optimizer.step()
        if (i + 1) % 300 == 0:
            print("epoch: ", epoch, "d_loss: ", d_loss_real.data.numpy(),
                                          fake_score.data.mean())
    #对图片进行训练
    if (epoch + 1) == 1:
        images = images.view(images.size(0), 1, 28, 28)
        save_image(img_norm(images.data), './real_images.png')
    fake_images = fake_images.view(fake_images.size(0), 1, 28,28)
    save_image(img_norm(fake_images.data), './fake_image_{0}.png'.format(epoch + 1))
```

5.6 其他神经网络

5.6.1 循环神经网络

循环神经网络(recurrent neural network,RNN)是一种具有短期记忆功能的神经网络。不同于前馈神经网络和卷积神经网络,RNN不仅可接收其他神经元传递的信息,也可接收自身的历史信息,从而形成一个具有环路的网络结构。RNN在语音识别和自然语言领域有广泛的应用。这里只介绍一种简单的循环网络。

给定一个时间序列 $x=(x^1,x^2,\cdots,x^t)$,其更新并含有反馈的函数为:

$$h^t=f(h^{t-1},x^t) \tag{5.22}$$

其中,$h^0=0$,f 可以是一个非线性函数,也可以是一个前馈网络。式(5.22)可视为一种动力系统。理论上，循环神经网络在一定程度上可以视为非线性动力系统。

注意：式(5.22)形式上类似于统计学中的自回归模型(autoregressive module，AR)。

循环神经网络的流程图如图5.22所示。

关于循环神经网络的其他内容在这里不再进行过多阐述，若读者对循环神经网络深感兴趣，可以查阅其他相关的书籍或与自然语言(NLP)相关的书籍。

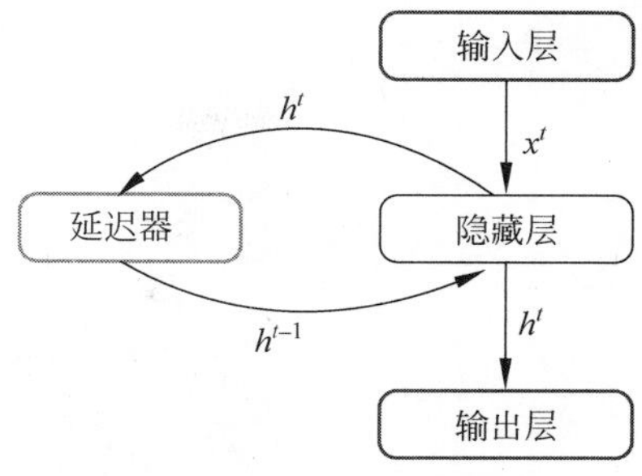

图5.22　循环神经网络的流程图

5.6.2　风格迁移神经网络

风格迁移(neural style)神经网络是由德国图宾根大学的Bethge实验室的3个研究员Leon Gatys、Alexander Ecker和Matthias Bethge于2015年提出的一种算法。其算法实现过程非常的复杂，处理像素比较大的图片时往往需要几个小时甚至几十个小时的训练。2016年斯坦福大学的Justin Johnson、Alexandre Alahi和李飞飞提出了一种快速风格迁移算法。该方法结合GPU可以快速完成训练。

由于网上有很多关于该算法的优质代码，读者可以通过github网络查询优质开源代码，这里不再对其进行赘述。这里给出训练的一组校园图片，如图5.23所示。

图5.23　风格图像(星空)

图5.23是大画家梵高的星空。杭州师范大学(仓前校区)的图书馆照片如图5.24所示。

通过风格迁移神经网络的算法原理，将风格图像(图5.23)迁移到图像5.24中，其训

图 5.24　杭州师范大学(仓前校区)图书馆一角

练 100 次的结果如图 5.25 所示。

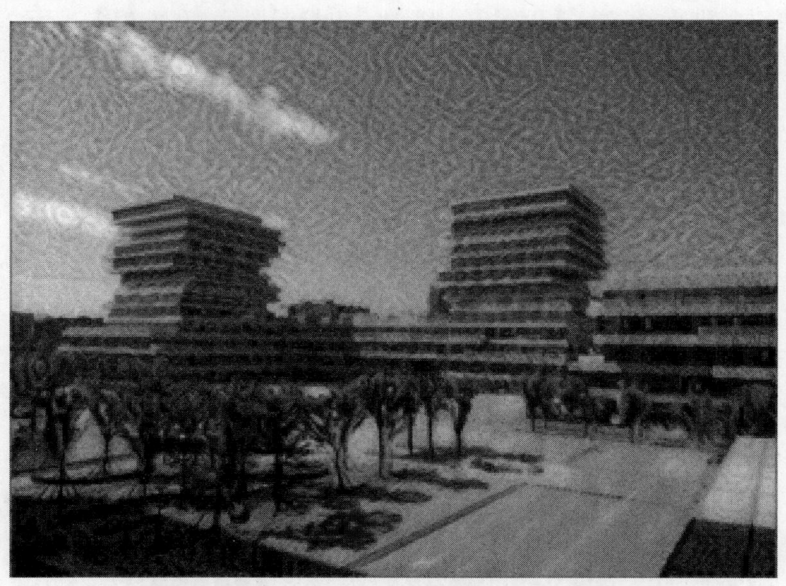

图 5.25　风格图像迁移训练 100 次的效果图

5.7　本章小结

本章主要介绍了 PyTorch 模块和部分神经网络模型。PyTorch 在学术研究方面要优于 TensorFlow，再者它与 NumPy 模块可以很方便地进行转换，这也是使用它做神经网络的重要原因之一，但在大型的神经网络项目部署中，建议采用 TensorFlow。神经网络历史悠久，但是其兴盛时期也就在最近几年，其涉及领域广泛，应用前景非常大，不同的模型用于不同的实际问题，更甚者同一问题可以通过多种神经网络模型来研究。若读者对神经网络非常感兴趣，可以查阅斯坦福大学李飞飞老师的相关教程，因此这里不再详细阐述关于神经网络的相关内容。

参考文献

[1] ARJOVSKY M, CHINTALA S, BOTTOU L. Wasserstein gan[J]. arXiv preprint arXiv: 1701.07875, 2017.

[2] COVER T, HART P. Nearest neighbor pattern classification [J]. IEEE transactions on information theory, 1967, 13(1): 21-27.

[3] DUNTEMAN G H. Principal components analysis[M]. London: Sage, 1989.

[4] GATYS L, ECKER A S, BETHGE M. Texture synthesis using convolutional neural networks [C]//Advances in neural information processing systems. 2015: 262-270.

[5] GATYS L A, ECKER A S, BETHGE M. A neural algorithm of artistic style[J]. arXiv preprint arXiv: 1508.06576, 2015.

[6] GOLUB G H, REINSCH C. Singular value decomposition and least squares solutions[M]//Linear Algebra. Springer, Berlin, Heidelberg, 1971: 134-151.

[7] GOODFELLOW I, POUGET-ABADIE J, MIRZA M, et al. Generative adversarial nets[C]//Advances in neural information processing systems. 2014: 2672-2680.

[8] RUDER S. An overview of gradient descent optimization algorithms[J]. arXiv preprint arXiv: 1609.04747, 2016.

[9] HOERL A E, KENNARD R W. Ridge regression: Biased estimation for nonorthogonal problems [J]. Technometrics, 1970, 12(1): 55-67.

[10] HOSMER J D W, LEMESHOW S, STURDIVANT R X. Applied logistic regression[M]. New York: John Wiley & Sons, 2013.

[11] KRIZHEVSKY A, SUTSKEVER I, HINTON G E. Imagenet classification with deep convolutional neural networks[C]//Advances in neural information processing systems. 2012: 1097-1105.

[12] LIAW A, WIENER M. Classification and regression by random forest[J]. R News, 2002, 2(3): 18-22.

[13] LINDEN G, SMITH B, YORK J. Amazon. com recommendations: Item-to-item collaborative filtering[J]. IEEE Internet computing, 2003, 7(1): 76-80.

[14] MACQUEEN J. Some methods for classification and analysis of multivariate observations[C]//Proceedings of the fifth Berkeley symposium on mathematical statistics and probability. 1967, 1(14): 281-297.

[15] MAO X, LI Q, XIE H, et al. Least squares generative adversarial networks[C]//Proceedings of the IEEE International Conference on Computer Vision. 2017: 2794-2802.

[16] METROPOLIS N, ULAM S. The Monte Carlo method[J]. Journal of the American statistical association, 1949, 44(247): 335-341.

[17] MIKA S, RATSCH G, WESTON J, et al. Fisher discriminant analysis with kernels[C]//Neural networks for signal processing IX: Proceedings of the 1999 IEEE signal processing society workshop (cat. no. 98th8468). IEEE, 1999: 41-48.

[18] MIKOLOV T, KARAFIÁT M, BURGET L, et al. Recurrent neural network based language model [C]//Eleventh annual conference of the international speech communication

association. 2010.

[19] MIRZA M, OSINDERO S. Conditional generative adversarial nets[J]. arXiv preprint arXiv: 1411.1784, 2014.

[20] KUTNER M H, NACHTSHEIM C J, NETER J, et al. Applied linear statistical models[M]. New York: McGraw-Hill Irwin, 2005.

[21] QUINLAN J R. Bagging, boosting, and C4.5[C]//AAAI/IAAI, 1996, 1: 725-730.

[22] RADFORD A, METZ L, CHINTALA S. Unsupervised representation learning with deep convolutional generative adversarial networks[J]. arXiv preprint arXiv: 1511.06434, 2015.

[23] LUCIANO R. 流畅的 Python[M]. 北京：人民邮电出版社，2015.

[24] RESNICK P, IACOVOU N, SUCHAK M, et al. GroupLens: an open architecture for collaborative filtering of netnews[C]//Proceedings of the 1994 ACM conference on Computer supported cooperative work. 1994: 175-186.

[25] RUDER S. An overview of gradient descent optimization algorithms[J]. arXiv preprint arXiv: 1609.04747, 2016.

[26] SAFAVIAN S R, LANDGREBE D. A survey of decision tree classifier methodology[J]. IEEE transactions on systems, man, and cybernetics, 1991, 21(3): 660-674.

[27] TIBSHIRANI R. Regression shrinkage and selection via the lasso[J]. Journal of the Royal Statistical Society: Series B (Methodological), 1996, 58(1): 267-288.

[28] YANG X, TIAN Y L. Eigenjoints-based action recognition using naive-bayes-nearest-neighbor [C]//2012 IEEE computer society conference on computer vision and pattern recognition workshops. IEEE, 2012: 14-19.

[29] 周志华. 机器学习[M]. 北京：清华大学出版社，2016.

[30] 范明，范宏建. 数据挖掘导论[M]. 北京：人民邮电出版社，2006.

[31] 蔡天新. 数学与人类文明[M]. 杭州：浙江大学出版社，2008.